U0010671

これってどうなの？日常と科学の間にあるモヤモヤを解消する本

解讀日常生活的科學

消除你在生活上的好奇與疑慮，
輕鬆讀懂日常科學！

Kakimochi—著
許展寧—譯

為什麼咖啡聞起來好香？

SE
SHOEISHA

晨星出版

序言

十分感謝您對本書有興趣。我是作者Kakimochi。

如同書名所示，這本書會利用科學觀點，解決關於生活與科學的各種疑難雜症。

本書總共有5章，每章由多個小章節組成，每個小章節大約4頁左右。各小章節雖然互有關連，但其實從哪裡開始讀起都沒問題。

目次就是好奇與疑問的列表。看了目次後，如果你覺得自己好像有相同困惑，或是有想知道答案的疑問，就可以從感興趣的地方開始看起。

第1章的部分，我推薦給重視生活飲食的讀者；如果你對於大眾媒體或教科書上的常見數字有興趣，我則是特別推薦第2章；若是好奇科學與社會的關連，我推薦你看第3章；注重身體健康的人可以看第4章，第5章則推薦給熱愛科學研究的讀者。

在我們的日常生活中，處處都有科學的力量。即便如此，大家好像還是會覺得科學遙不可及，彷彿是個只有專業人士才懂的冰冷世界……

本書會說明科學是從何而來，具有什麼樣的結構，又是如何運作等等，了解生活中隨處可見的科學檔案。

我的願望就是解決大家的疑問，讓讀者了解科學有多美妙。接下來，就請各位細細品味本書。

2021年7月　Kakimochi

目次

第1章　飲食與科學

第2章　數字與科學

第3章　社會與科學

第4章　健康與科學

第5章 物理與科學

登場人物介紹

白貓

● 對科學有點好奇的貓。

● 喜歡自己煮義大利麵，到處散散步，過著和人類一樣的生活。

● 好奇身邊的大小事情，每天都會寫日記。

不吃又不會死

我很不擅長早起，總是想在被窩裡待到最後一刻。可是早上要忙著準備出門，很多事情都擠在這個時候。最近我在考慮要不要乾脆睡久一點，直接不吃早餐就出門，午餐再吃得比較豐盛。

吃早餐到底有什麼意義呢？

黑貓

● 熱愛科學的貓。

● 會和白貓聊天，為讀者提供資訊。

● 神出鬼沒。

花貓

● 很了解科學的貓。

● 學識淵博，負責解說和傳授知識。

第 1 章

飲食與科學

熱量和營養聽起來
都好科學。

沒錯，
飲食是生命活動的一環，
也與科學息息相關。

現在就要介紹有關
飲食生活的技術和研究。

什麼是食品添加物？

食品包裝背面的說明

每次吃零食的時候，我都會看一下包裝背面的說明。就算上面沒寫什麼精彩內容，我也會不自覺地一直看下去。營養標示裡寫了麵粉、糖等一連串的成分，最後則出現了「增黏多醣類¹」。我猜這應該是一種食品添加物。這些到底是什麼東西？

 ## 真的能吃得安心嗎？

只要翻到零食包裝的背面，就會看到營養標示的說明。在原料成分的欄位裡，除了有麵粉和糖之外，還會出現阿斯巴甜、果膠等文字。這些東西就是食品添加物。

目前日本常見的食品添加物約800種左右，其中包含最近開發的新技術，也有大家從以前吃到現在的添加物。比方說鹽漬食品必加的食鹽，還有為義式燉飯添色的番紅花色素，這些都是食品添加物之一。

大眾媒體也會不時介紹食品添加物，甚至還會利用人人都想吃得安心的心理，產製出讓人容易擔心食安疑慮的新聞，導致食品添加物常被誤以為是有害物質。

實際上，食品添加物究竟有什麼用途？食品添加物的安全性又有什麼樣的保證？本節就要介紹那些常見的食品添加物的使用目的和安全性。

---

1 根據台灣衛生福利部食藥署「食品添加物使用範圍及限量暨規格標準中，稱為「黏稠劑」（糊料）」。

對耶。用來鹽漬食品的鹽巴也是添加物嘛。

鹽、番紅花、梔子花、鹽滷等等
（西元前～）

果實香料
（1851年～）

「食品添加物」一詞是從1947年才開始實際受到使用，是個年紀很輕的名詞哦

圖1.1.1 食品添加物擁有長久歷史

還想了解更多！

鞏固技術，讓食品添加物再度復活

2020年2月，山崎麵包株式會社對外發表了將在吐司中使用溴酸鉀（Potassium bromate）的決定。溴酸鉀能讓麵包變得更軟綿柔韌，是用來作為麵粉處理劑（Flour Treatment Agent）的食品添加物，只要最後沒有殘留在食品中就能實際使用。由於溴酸鉀會對DNA產生作用，有致癌的可能性，所以在吐司裡使用溴酸鉀一事也掀起了反彈聲浪。但是這項決定的背後原因，正是因為食品加工技術已經大有進步的緣故。2014年因為溴酸鉀不足，暫時停止使用後，山崎麵包便不斷磨練能檢測出微量溴酸鉀，精準確認食品安全的技術，最後才在2020年重新開始使用。

 食品的加工

　　所謂的食品添加物，就是在製造食品的過程中用來加工、保存食品的物質。**除了增色或添香之外，有時候也能延長食物營養的保存期限，或是讓食品更好入口、更方便吞嚥。**

　　自古就經常使用的鹽和番紅花，現在已是餐桌上常見的調味料和色素。然而像是人工甜味劑的阿斯巴甜，則是因為名字聽起來太像化學物質，容易被世人敬而遠之。這是因為阿斯巴甜是直接把化合物的名稱用來當作俗名，才會導致這樣的結果。其實鹽也叫做氯化鈉，番紅花內含的色素則叫做類胡蘿蔔素。任何東西都是由化學元素的物質所組成，所以大家不用過於恐慌。

　　話雖如此，食品添加物的安全又是如何獲得驗證呢？**現在若要在日本使用食品添加物，必須經過厚生勞動省[2]與第三者機關的認證。** 這些認證會事先決定好食品添加物的用量限制。就像吃太鹹會對腎臟造成負擔一樣，有些食品添加物也是一旦攝取太多，就會對身體產生不好的影響。為了避免這種情況，才要事先訂定食品添加物的容許量。

　　不過在現實中，有沒有可能發生含有食品添加物的食品大受歡迎，造成許多人吃過量的狀況呢？厚生勞動省為了防止大家吃下過多食品添加物，會事先調查日本平均每人會攝取的份量。**事先訂定好容許量，再確認攝取量是否真的在容許範圍內，透過雙重確認來確保飲食安全。**

　　在日本有個名叫日本食品添加物協會的組織，專門對外宣導食品添加物的正確知識。這是由使用食品添加物的企業所組成，以組織成員的企業和一般大眾為對象，傳遞食品添加物的相關資訊。由此可見使用食品添加物的企業，也很注重添加物的使用方式。

　　換句話說，這些能夠有效長久保存食物，讓人方便食用的食品添加物，在現代飲食生活中已成為了重要力量。透過使用申請的審查和攝取量的調查，就能確保食品添加物的安全。

2　相當於台灣的衛生福利部。

研究、開發　　審查　　認證

做出新的添加物了！

真的需要用到這個嗎？

夠安全嗎？

獲得厚生勞動省的許可

OK

魚麵包

木天寮布丁

在日本有個會以科學角度調查食品添加物是否安全，名叫食品安全委員會的機關。
這是由醫學、藥學和農學等專家組成的團體。

圖1.1.2　食品添加物必須經過審查才能問世。

 ## 放下刻板印象，實際了解真相

　　食品添加物的名稱，很難讓一般大眾有親近的感覺。畢竟在日常生活裡，我們不會把美食料理稱為「食品」，也不會將身邊的東西稱為「～物」。

　　事實上，食品添加物能讓我們的飲食生活吃得安心又美味。食品安全是消費者特別關注的部分，但大家也要注意不要誤信誇大危害，故意煽動社會不安的偏頗資訊。

 總整理

　　食品添加物能讓食品更加美味又安全，在正式使用前也會事先檢查是否安全。雖然名稱聽起來有點可怕，但其實食品添加物為我們的飲食生活提供了極大貢獻。

什麼是基因改造技術？

飲食 1.2

忍不住映入眼簾的文字

看了看點心包裝上的原料說明，我發現上面出現了「基因改造」的文字。
我雖然聽過基因改造技術一詞，但這到底是什麼？

 讓食物更加美味的技術

所謂的基因改造，就是透過人工方式改變作物性質的基因。經過基因改造的作物就稱為基因改造作物。

一直以來，人會刻意讓花卉或蔬菜進行雜交育種，藉此種出外觀更討人喜歡，味道更美味的品種。基因改造技術就是利用人工，促使基因產生一般要經過交配或突變才有的變化。

有些基因改造作物含有豐富營養，或是能在種植過程中降低害蟲孳生的機率，未來可望有效解決糧食缺乏或營養不足的問題。

只是一般大眾依然擔心基因改造的安全性，害怕基因改造作物會對生態圈帶來影響。因此目前在日本國內，唯一可以種來販賣的基因改造作物只有玫瑰而已。

本節就要來探討基因改造是什麼樣的技術，思考基因改造作物的優點和安全性，以及與日常飲食之間的關係。

 改造基因的意義

基因改造是什麼樣的技術呢？首先從「基因」一詞來看看吧。在生物的細胞中，有一本專門記錄基因資訊的書叫做DNA；在這本書中，基

因就是其中某項資訊的專門章節。例如貓的DNA中含有決定眼睛顏色的基因、決定毛色的基因，還有決定貓毛長短的基因等等。

圖1.2.1　改造基因的方法

\還想了解更多！/

DNA與基因差在哪裡？

其實基因就是DNA的一部分。DNA是核苷酸的聚合物，由一種名叫去氧核醣的醣以及磷酸、鹼基所組成，外觀呈現兩個重疊的螺旋形狀。在這些元素中，鹼基就是負責掌握遺傳資訊的角色。在DNA裡面，擁有特定遺傳資訊的基本單位就稱為基因。只不過在組成DNA的鹼基之中，也不是每一個都含有與遺傳有關的訊息。

基因改造技術研發自1970年代，是在某個生物的DNA中植入其他生物基因的技術。會利用名為酵素的蛋白質抽取出基因，再植入其他作物的DNA中，進而栽培具有新特性的作物。透過這項技術種出的作物就稱為基因改造作物。

　　在發明基因改造技術以前，作物的DNA主要是藉由交配或突變產生變化。但現在只要利用基因改造，便能更有效率地開發出符合需求的作物。例如現在已經開發出能有效抵禦害蟲的玉米，以及富含維他命A的米。

　　只不過對大眾來說，大家對於基因改造作物也開始有了疑慮。其中一項隱憂就是安全性。其實基因改造作物不一定會如預期的產生特定變化。甚至，作物被改造了基因後，也有可能會出現意料之外的改變。

　　另一項隱憂則是對於生態環境的影響。像是在基因改造作物的栽培過程中，或是作物流通到栽培地區以外的地方時，會不會對野生物種造成威脅的疑慮。因為當新植物進入原有的生態環境時，有可能會侵略原生植物的地盤，破壞生態平衡。

　　為了預防這個情況，日本僅准許有通過具有科學根據的安全評估，對生態環境不會造成風險的基因改造作物。首先由審議會和委員會評估作物的安全性，經過公眾諮詢，最後再由厚生勞動省和農林水產省對外公告安全性。**通過安全評估的基因改造作物會成為食品原料或飼料，出現在家家戶戶的餐桌上。**

　　在近年，繼物種交配和改造基因的方法之後，又建立了一種名叫基因編輯的技術。該技術除了榮獲2020年諾貝爾化學獎之外，也順利研發出富含「GABA」成分的基因編輯番茄。只要科學技術越發達，想必我們的飲食和生活也會出現越多改變。

與新技術的磨合

　　有人對基因改造一詞抱持疑慮，也有人懷疑這種技術是否適當。當創新技術誕生的時候，這些都是經常出現的重要疑問。

圖1.2.2　確保基因改造作物安全無慮的方式

　　在思考是否該信任基因改造作物時，希望各位先試著想起負責檢驗安全性的科學力量。科學有別於人類的情感，擅長與疑問保持距離，以客觀角度進行分析。只是最後該做什麼選擇，還是得視每個人的價值觀而定。若想做下適合的判斷，科學一定能助你一臂之力。

　　基因改造是一種改造作物基因的技術。為了確保安全性並預防影響生態環境，日本政府只認可通過科學認證，安全無虞的基因改造作物。

不要加工比較好？

忍不住吃過頭

我有時候會吃零食吃到一發不可收拾，腦袋變得一片空白，忘我地吃個沒完沒了……

今天我聽說有一種叫做超級加工食品的東西，零食好像也是其中之一。這樣是不是不要吃零食比較好啊？

 ## 雖然飲食指南不推薦，但實際又是如何？

有一個名叫「超級加工食品」的詞彙受到日本媒體的關注，並且就像基因改造作物和食品添加物那樣，同時也會看到提及安全性或相關隱憂的報導。

超級加工食品是以油、糖等原料製成另一種面貌的食品，這個名詞是源自於巴西飲食指南基準的NOVA食品分類。所謂的NOVA食品分類，就是依照加工程度來區分食品的分類方式。巴西的飲食指南就是參考這個分類，建議民眾盡量選擇加工比較少的食品。

超級加工食品聽起來雖然可怕，但實際上到底是什麼呢？在本節中，就先從提出超級加工食品的NOVA食品分類來介紹。

 ## 新鮮一定最好？

巴西聖保羅大學的博士組成團體，提倡以NOVA食品分類的方式來區分食品。NOVA食品分類將食品分成了三大類——第一類是未經加工或最低限度加工的食品，第二類是加工食品，第三類是超級加工食品。顧名思義，就是根據加工程度來分類食品。

摘自農林水產省:「均衡飲食規範」的內容
https://www.maff.go.jp/j/balance_guide/index.html

圖1.3.1　日本的飲食規範。豐富多樣的飲食生活才是營養均衡的重要守則。

\還想了解更多!/

column

日本的飲食指南

現在世界各國都會設計並善用飲食指南,日本則是在2005年時,由厚生勞動省和農林水產省攜手製作了均衡飲食指南,用插圖清楚告訴我們如何吃得健康。這份飲食指南最大的特徵,就是整體設計是呈現倒三角形的陀螺造型。陀螺的軸心和旋轉,分別代表了水分和運動。可見除了吃東西之外,補充水分和持續運動也是維持健康的重要一環。

3　飲食提供量的單位

未經加工或最低限度加工的食品是指生鮮蔬菜、果汁等食品，還有經過乾燥或冷凍的生鮮食材；加工食品是指罐頭、麵包等等，使用了油、糖來加工製造的食品；**超級加工食品則是經過進一步的加工，就像糖果餅乾、速食食品這種添加了油、糖等成分，再另外塑造成形的食品**。NOVA食品分類通常會建議民眾盡量多吃未經加工的原型食物，彷彿把超級加工食品視為眼中釘。

避開油和糖，多吃天然原型食物的論點聽起來的確蠻有道理。畢竟高熱量的飲食容易危害健康，冠上「天然」一詞的食物似乎也比較養生。可是光吃未經加工的原型食物，真的就等於吃得健康嗎？

在營養學和醫學上都會建議我們要吃得多樣化，保持均衡飲食。吃太多高熱量的加工食品固然影響健康，但其實油和糖也能成為身體運作的能量，所以並不代表加工食品完全吃不得。

放眼世界，多數國家都是根據營養學和醫學的考究，進而制定適合的飲食指南。像NOVA食品分類這種依照加工程度做區分，並建議民眾多吃原型食物的飲食指南其實相當少見。

由於NOVA食品分類視超級加工食品為眼中釘，才會認同「多吃未經加工的原型食物才健康」的大眾論點。不過可惜的是，並非凡事都會如同大家的想像。來自營養學和醫學的客觀知識，經常翻轉人們的刻板印象。

對照醫學和營養學的理論，便能發現NOVA食品分類其實無法守護我們的健康。只是一味認同大眾的既定概念，也沒辦法保障大家的身體。**我們想要信賴的是具有科學根據，能以客觀角度進行判斷的飲食指南。**

 ## 權威與研究成果

NOVA食品分類是由巴西聖保羅大學的一群有權威的博士團體所提倡的。聖保羅大學不但是間名校，該博士在大學內也是領導流行病學研究中心的重要人物。

- 未經加工或
  最低限度加工的食品
  生鮮食材、經過乾燥或冷凍的食物。

- 加工食品
  使用油、糖等物質加工的食品。

- 超級加工食品
  添加油、糖等物質,
  另外塑造成形的食品。

嗯……
這種分類方式也是可以啦。

能不能藉此
守護健康才是重點。

圖1.3.2　NOVA食品分類將食品分為三大類。

　　然而,當NOVA食品分類受到其他研究人士的批判時,這些博士卻無法答出具有科學根據和建設性的反駁。可見這種食品分類法並不值得信賴,不適合作為審視飲食生活的科學標準。

　　要做出厲害研究,有時候的確需要借助權威人士的力量。但這並不表示只要有權威,就能完成值得信賴的研究成果。

總整理

　　超級加工食品是指添加油、糖等物質,另外塑造成形的食品。雖然 NOVA 食品分類法建議大眾盡量少吃超級加工食品,但從營養學和醫學的角度來看,豐富又均衡的飲食才是維持身體健康的關鍵。

人類何時開始與咖啡因共處？

能量飲料

因為最近變得比較忙，我常常會喝能量飲料提神。每次一喝完就會精神百倍，但有時候也會讓我精神過頭。能量飲料都含有咖啡因，可是咖啡因應該是咖啡裡的東西吧？咖啡因是從何時開始成為一種食品成分呢？

 ## 亦敵亦友的咖啡因

　　能量飲料的主要成分為糖和咖啡因。糖能為大腦補充能量，咖啡因則具有醒腦作用，讓人可以減少睡意，提振精神。因此有不少人會一邊喝能量飲料，一邊埋頭工作或讀書。

　　咖啡因雖然已能獨立添加在食品中，但它原本確實是隱身在咖啡裡的物質。咖啡因是由德國科學家倫格（Friedlieb Ferdinand Runge）所發現，他也成功研發出萃取提煉咖啡因的方法。

　　儘管咖啡因能夠提神醒腦，但還是有些人不適合攝取。所以現在不但有去除咖啡因的技術，市面上也能買得到不含咖啡因的咖啡。有些人覺得咖啡因是好夥伴，但在有些人的眼中卻是敵人。本節就要一邊回顧這段歷史，一邊思考我們與咖啡因之間的關係。

 ## 歌德的一句話成為開端

　　咖啡、茶和巧克力裡都含有咖啡因。咖啡因不只能提神醒腦，也有讓人集中精神，提升作業效率的效果。咖啡因的化學名稱為1,3,7-trimethylxanthine，屬於生物鹼，是一種含氮的有機化合物。

18世紀時，普魯士王國的人熱愛飲用咖啡。但由於這些咖啡都要從國外進口，導致國家變得越來越窮……

圖1.4.1　在18世紀的普魯士王國，腓特烈二世頒布了咖啡禁令。

\還想了解更多！/

Column

茶是何時被發現的？

據說茶最早是從西元前開始，在中國古代被發現的。相傳在西元前2700年，有位名叫神農氏的神嘗遍了百草，並在無意之間嘗到茶葉的味道，於是大家便猜測茶是在這個時候被發現。在中國最古老的藥學著作《神農本草經》中，就記載了這段神農嘗百草的故事。

　　咖啡因的名稱由來，是來自德文中代表咖啡的Kaffe。1819年在德國北部的漢堡，化學家費里德里希‧費赫迪南‧倫格在咖啡裡發現了咖啡因，並成功萃取提煉。其實這項發現的起因，也與同為德國籍的詩人約翰‧沃夫岡‧馮‧歌德（Johann Wolfgang von Goethe）息息相關。

歌德著有家喻戶曉的詩劇《浮士德（Faust）》，同時也是位政治家和自然科學家，他在年輕的時候甚至鑽研過煉金術。

歌德與當時多數的德國人一樣，都相當沉迷於咖啡。不過歌德除了喝咖啡之外，還拜託化學家倫格幫忙分析咖啡豆的成分與化學結構，便讓倫格在這個時候發現了咖啡因。

在倫格發現咖啡因之後，咖啡因的相關技術便持續擴大發展。1899年時，德國化學家埃米爾‧費雪（Hermann Emil Fischer）以人工方式成功合成出咖啡因，包含這項成果在內的學術貢獻，也讓他在1902年榮獲諾貝爾化學獎。到了1906年，從咖啡裡去除咖啡因的技術也問世了。

因為合成和去除咖啡因的技術變得發達，咖啡因也開始廣泛受到運用。咖啡因的提神作用有利於工作和讀書，所以也成為能量飲料或營養飲品的成分之一。在1987年，受到大眾喜愛的「紅牛能量飲料（Red Bull）」便正式上市發售。另外，又由於咖啡因還有收縮血管的作用，所以也會用來治療慢性心臟疾病和狹心症。

然而，能夠提神醒腦的咖啡因也不是處處受到歡迎。在運動員的世界裡，因為咖啡因可以有效提升運動能力，所以在2004年之前有段時期，曾被奧運委員會歸類為禁藥之一。除此之外，會讓人精神亢奮的咖啡因有時也會對人體造成不適，引發失眠，所以有些人反而比較喜歡不含咖啡因的咖啡。

>> 咖啡因與人類的關係會隨時代而變

咖啡因原本就存在於茶葉和咖啡豆裡，但自從被倫格發現之後，便開始受到人類社會的關注。有人覺得咖啡因的醒腦作用有利於工作和運動，也有人認為咖啡因會讓身體不適，對它敬而遠之。隨著歷史的發展，咖啡因已經被人貼上「好」或「壞」的標籤了。

咖啡因原本只是咖啡裡的一部分，現在則與人類有了各式各樣的連結。

水處理法　　　　有機溶劑法　　　　二氧化碳法

把生咖啡豆泡在水裡，並在水中加入有機溶劑，藉此溶出咖啡因。

把生咖啡豆泡在二氯甲烷的溶劑中，藉此溶出咖啡因。

讓咖啡豆接觸介於液體和氣體之間，處於「超臨界狀態」的二氧化碳。

其中二氧化碳法是最不會破壞咖啡成分，又能夠安全萃取咖啡因。

圖1.4.2　從咖啡豆中萃取咖啡因的多種方式

人類社會與自然界

　　在人類社會中也有其他像咖啡因那樣，因為受到關注而留下「好印象」或「壞印象」的物質。例如放射線就是其中之一。早在人類出現在地球上以前，放射線就已經存在於世界了。但在過去的歷史中，放射線曾經為人體和環境帶來巨大影響，導致「放射線」一詞在大眾眼中具有另一層沉重的意義。

　　即使是早就存在於自然界裡的物質，也會因為對人們造成的影響，使得該物質在人類社會留下不同意義。

　　由於歌德委託化學家做研究，才讓咖啡因在 19 世紀成為獨立的成分物質。咖啡因因為具有提神作用，會讓人運用在工作或運動上，也會有人反而敬而遠之，與人之間有著多樣化的關係。

人需要吃早餐嗎？

不吃又不會死

我很不擅長早起，總是想在被窩裡待到最後一刻。可是早上要忙著準備出門，很多事情都擠在這個時候。最近我在考慮要不要乾脆睡久一點，直接不吃早餐就出門，午餐再吃得比較豐盛。

吃早餐到底有什麼意義呢？

為什麼人要吃早餐？

早晨的時光總是忙碌，沒什麼時間可以坐下來好好享用早餐。近年由於新冠病毒疫情的影響，不少人都改成在家上班上課。或許是因為少了通勤和通學時間，有些人也開始重新審視吃早餐這件事。

在江戶時代以前，一般人都是一天兩餐，也沒有吃早餐的習慣。當時的人們過著日出而作，日落而息的生活。太陽一升起就開始工作，中午在家吃一餐，傍晚吃一餐，等到太陽下山之後便就寢休息。

既然如此，現在就算一天兩餐應該也活得下去吧？讓人實在想不透早餐的必要性。吃早餐到底有什麼意義呢？

本節就讓我們以科學的視角，來思考一下現代人吃早餐的效果。

睡覺的時候也閒不下來

人為什麼要吃飯呢？這個問題的其中一個答案，就是為了獲取身體活動的能量。

就算整天什麼也沒做，一天會消耗掉的能量是⋯⋯

5碗飯
的量

這些被消耗掉的能量，等同於一個20幾歲，
體重50公斤的人跑了3小時馬拉松！

圖1.5.1　人1天的基礎代謝量，大約是5碗白飯的量

＼還想了解更多！／

Column

國外吃早餐的習慣

一般在日本，早餐通常都是待在家裡吃完，但是國外有些地方也會在路邊攤
或餐廳吃早餐。筆者我在2018年造訪香港的時候，發現茶餐廳在早上6點左
右就開門了。當地人會在店裡一邊吃粥一邊喝茶聊天，或是看個報紙小憩片
刻。原來在其他國家還有這種吃早餐的方式，讓我體會到異文化的衝擊。看
來每個地方的早晨時光，也會因為風土民情而有不同的景色。

即使處在安靜的狀態下，身體還是隨時在消耗能量。這個現象稱
為基礎代謝，**20幾歲的人平均一天會消耗多達1100kcal～1529kcal的
能量。**

在基礎代謝中，肌肉、心臟和肝臟都會消耗能量。目的是為了讓血液持續循環，維持呼吸和體溫。有時候早上一起床，我們會覺得腦袋好像還沒開機，情緒有一點低落。其實這是因為**在睡覺的時候，身體進行了基礎代謝的緣故。**

不過實際來看，我們在晚上攝取的熱量，身體會在睡覺期間消耗掉多少呢？如果是在充足睡眠的情況下，身體大約會消耗掉300kcal。換算成運動來看，差不多像是慢跑了4～5公里左右。

若是每天通勤或通學，平常會稍微做點運動的20幾歲年輕人，一天所需的熱量差不多是2000kcal。假設一天吃三餐，平均1餐攝取600～700kcal左右的話，睡眠時大約就會消耗掉晚餐攝取到的一半熱量。

在睡眠期間消耗的能量中，最值得關注的就是大腦的活動了。在人一天消耗掉的所有能量中，大腦的部分就佔了高達20%，連睡眠的時候也會不斷消耗能量。大腦需要葡萄糖才能運作，這時候就會利用儲存在肝臟裡的肝醣。但是當人睡覺的時候，由於肝臟無法持續補充醣，內存的醣會變得越來越少。

所以我們早上一起床的時候，身體的血糖會變低，大腦和全身都處於營養不足的狀態。吃早餐可以補充欠缺的能量，提升血糖，讓身體動起來更快活。如果早上不吃早餐，直接撐到中午吃午餐的話，血糖會一口氣衝高，不容易降下來。

因此依照現代科學的角度來看，在早上補充能量對身體比較好。

>> 傍晚～隔天中午的期間，難道不會肚子餓嗎？

剛才提到在江戶時代，人們都是一起床就外出工作，但這樣早上難道不會肚子餓嗎？傍晚6點吃過晚餐後，下一餐必須等到隔天中午，中間隔了18個小時。如果情況許可的話，或許有些人也會想在這段時間吃點東西吧。

早餐會讓人出現什麼變化呢？

吃早餐前　　　　　　　　吃完早餐

血糖下降　　　　　　　　血糖上升

體溫變低　　　　　　　　體溫變高

大腦和身體都缺乏營養　　身體補充了營養！
　　　　　　　　　　　　促進大腦的部分運作！

圖1.5.2　營養學專家調查了早餐與身體的關係

 ## 習慣與科學的距離感

　　依據科學觀點，吃早餐對身體會比較好，但在現實中卻不一定如此。在身心狀況不好，吃早餐反而會讓你難受的時候，隨便解決一下其實也是個不壞的決定。就算只是把一根香蕉當成早餐也行，你可以配合自己的身體狀況，想辦法讓自己過得快活一點。

總整理

　　人在睡覺的時候也會消耗熱量，所以吃早餐能為身體補充能量，提升血糖，讓身體順利運作。

美味的感覺是怎麼樣產生的？

品嘗義大利麵

我突然懷念起小時候常在家裡吃的肉醬義大利麵，所以就自己煮來吃了。其中最重要的步驟，就是要記得加點味噌。這個味道吃起來還是一樣美味，讓我想起小時候的快樂回憶。

聽說開心或快樂的情緒好像是從大腦冒出來的。感到美味的心情也是一樣嗎？

「覺得美味」是怎麼一回事呢？

把瑪德蓮浸進紅茶裡時，這股滋味讓我憶起了兒時回憶 —— 這是出自法國小說家馬賽爾・普魯斯特（Marcel Proust）的作品，《追憶似水年華》的一小節內容。人的飲食和記憶，或許真的存在著緊密連結。

至今關於飲食的科學研究，通常是以營養學或醫學的角度來做探討。飲食蘊藏著許多謎團，人覺得美味的機制也是其中之一。其實直到近年為止，我們都不太清楚人是如何感受到美味。

在吃飯的時候，我們會從料理中獲取各式各樣的情報。請你回想一下自己吃到愛吃的美食時，當下會是什麼樣的情景。食物有味道和香氣，還有外觀、溫度、咬勁和口感；也有可能發出滾滾沸騰、滋滋作響的聲音，再加上周邊的環境狀況等等，可以從中得知大量的資訊。

這些資訊會如何與美味連結在一起呢？美味的感受又會從哪裡冒出來？

在本節中，就要介紹以科學角度探討美味的研究。

第1章　飲食與科學

耳朵	捕捉空氣的震動來感受聲音。
眼睛	捕捉光線，獲得視覺情報。
舌頭、鼻子	捕捉離子和分子，感受味道和香氣。
皮膚	藉由溫度和形狀的變化來感受冷熱和壓力。

我們在吃飯的時候，也會在各處捕捉不同的刺激。

圖1.6.1　我們會用各種身體部位捕捉食物的資訊

\還想了解更多！/

column

分子料理

現在有一種鑽研到食材的分子結構，看起來就像在做實驗的烹調方式，名字就叫「分子廚藝（Molecular Gastronomy）」。這裡提到的分子就是化學中常見的分子，英文的Gastronomy則是「美食學」的意思。分子廚藝會把食材解析到分子結構，自由自在地重新組合，還會改變食材的外觀模樣。用分子廚藝的手法下廚時，這段過程就宛如一場科學實驗。例如會使用吸取化學藥品的滴管、長得像針筒的注射筒，也會用到凝膠或泡沫，甚至連液化氮也是工具之一。由此可見這個烹調方式，可說是徹底實踐了「料理就是科學」的道理。目前日本國內也有店家採用這種下廚方式，吸引許多美食家爭相造訪。

曾經吃過的記憶

　　平常即使沒有特別注意，我們也會無意識地收集到形形色色的周邊資訊。人在用餐的時候，除了觀察料理，享受味道外，同時也會聞香聽聲，品味口感。還會透過周邊環境來捕捉光線明暗，感受放鬆的心情。

　　像雷達一樣的感覺器官，就會負責收集上述的各種情報。所謂的感覺器官，指的就是眼睛、舌頭、鼻子、耳朵和皮膚等部位。例如眼睛負責捕捉視覺情報、舌頭會掌握味覺情報，各個部位分工合作。這些感覺器官會接收光線和聲音，感受分子和離子，藉此獲取其中的相關資訊。

　　比方說在舌頭上，有個呈現花蕾形狀的部位叫做「味蕾」。味蕾裡存在著接收分子和離子的味覺細胞，數量大約50～100個。嘴巴在咀嚼時，唾液會把食物分解成分子和離子，接著再被味覺細胞接收，透過脈衝將味道資訊傳送至大腦的味覺區。

　　這些從感覺器官傳遞到大腦的資訊，又是如何讓人體會到美味呢？大腦內有個叫做「感覺區」的地方，可以分別接收來自視覺或聽覺等感官的情報。大腦會統合感覺區收到的資訊，對食物產生認知，再將食物的資訊傳遞到名叫「扁桃體」的部位。**在這個時候，大腦會找出過去留下的記憶和情報，來判斷「吃了之後，自己會覺得愉快還是不悅」。**如果是會讓人愉快的食物，大腦就會發送脈衝，讓身體知道吃了不會有問題，是自己喜歡的味道，反射性地吞進肚子；如果是會讓人不悅的食物，大腦就會緊急踩煞車，阻止身體把食物吞下去。

　　個人的飲食喜好，是依據本能反應和過去記憶而定。例如一般人通常討厭酸味，比較愛吃甜的食物。這是因為人會反射性地避開對自己有害的東西，盡量主動攝取營養充足的食物。除此之外，也有人會因為曾經吃肉吃壞過肚子，最後變得討厭吃肉；曾在喝完日本焙茶後覺得心情放鬆，就開始愛上日本焙茶。

　　品嘗到自己特別喜歡，或是吃到曾讓自己感到愉悅的食物時，就是大腦感受到美味的瞬間。在這個時候，大腦會分泌出令人感到幸福的

β 腦內啡和大麻素。這個很好吃、好想吃、讓人想回訪的美味、狼吞虎嚥、想多吃一點……由於愉悅和幸福的心情會與食慾產生連鎖反應，便可以讓人更強烈地感受到美味。所謂的美味，其實就是來自於愉悅的記憶與幸福感。

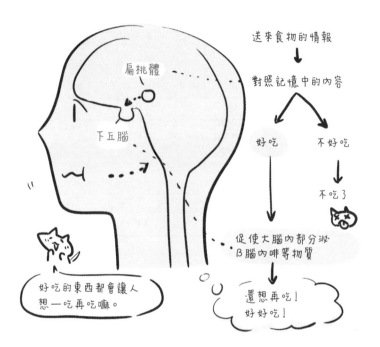

送來食物的情報

對照記憶中的內容

好吃　　不好吃

不吃了

促使大腦內部分泌
β腦內啡等物質

還想再吃！
好好吃！

扁桃體

下丘腦

好吃的東西都會讓人
想一吃再吃嘛。

圖1.6.2　美味的感受來自大腦

 ## 美味的科學

　　飲食是日常的一部分，也是生活樂趣之一。如果換成科學的角度來看，飲食則是生命活動的一環。我們的身體會在吃東西的時候攝取營養，累積食物的記憶。最近，甚至還有研究試圖利用身體機制克服討厭的食物。看來對研究者來說，美味的感受依然是值得探討的有趣議題。

關於美味的機制，目前已經展開了科學研究。在吃東西的時候，大腦會收集來自感覺器官的資訊，與過去的記憶相互對照。如果是曾讓自己感到愉悅的食物，就會出現還想再多吃一點的反應，誕生出美味的感覺。

\還想了解更多！/

column

生物的身體與沙堡

在福岡伸一的著作《生物與非生物之間》一書中，有提到蓋在海邊的沙堡。
被風帶來的沙子會被海浪沖走，讓沙堡慢慢開始產生變化。
我們的身體也是一樣。因為每天都會攝取新的食物，人體會一點一滴地產生不同改變。和3個月前相比，自己現在的身體幾乎是另一個面貌。
關於人類與飲食之間的關係，想必今後的科學會再慢慢解開其中的疑惑吧。
看來飲食果然與生命息息相關。

第 2 章

數字與科學

每次接觸數字的時候都要小心翼翼，我實在很不拿手……

可能要花上一段工夫，才有辦法熟悉數值和圖表吧。

糟糕，我有辦法和數字好好相處嗎？

這個故事是真有其事嗎？

只要尼可拉斯凱吉一演電影……

我偶然發現了一個有趣數據。數據顯示影星尼可拉斯凱吉拍過的電影數量，與泳池的溺斃人數呈現因果關係。但我覺得兩者實際上應該沒有任何關連。真的有科學研究在探討這項數據嗎？

只要風越大，木桶店就越賺錢？

　　俗話說「風越大，木桶店就越賺錢」。這句諺語是出自江戶時代的文學作品（描寫町人文化的《浮世草子》），是指在意料之外的地方產生影響，或者是無稽之談的意思。這句話的來龍去脈就是：強風掀起沙塵，沙塵跑進眼睛裡害人失明；失明的盲人增加，買三味線的人跟著變多（當時的視障者多以演奏三味線維生）；為了收集貓皮製造三味線，眾多貓遭到獵捕；老鼠少了天敵之後越生越多，而且又愛啃木桶，最後讓木桶店變得生意興隆。為看似沒有因果關係的故事做解析，就是這句諺語的有趣之處。

　　然而實際上，究竟有多少人因為沙塵而失明？有多少貓被抓去做三味線？有多少老鼠跑去啃木桶？分別思考每個環節後，其實就能想見木桶店不可能因此發大財。雖然兩者毫無關係，但如果把風吹強度和桶店收入的數據製成圖表，或許就會讓人忍不住同意「風越大，桶店就越賺錢」的論點。

　　像這種看似具有因果，實際上卻沒有關連的關係就稱為「虛假關係（偽關係）」。虛假關係中除了沒有實際因果關係的事物，還有其他現象介於兩者之間。本節就要介紹讓人容易被數據迷惑的虛假關係。

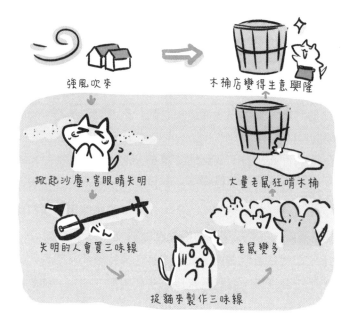

強風吹來

本桶店變得生意興隆

掀起沙塵，害眼睛失明

大量老鼠狂啃木桶

失明的人會買三味線

老鼠變多

捉貓來製作三味線

圖2.1.1 「風越大，木桶店就越賺錢」的示意圖

\還想了解更多！/

南丁格爾～是護士也是數學家～

其實虛假關係一詞，是用於統計學的詞彙。現在就要介紹一位促進統計學發展的人物──南丁格爾（Florence Nightingale）。

在19世紀，南丁格爾是一位活躍於英國的護士。她向數學家學習數學，以統計學的方式處理醫院的衛生管理，並在克里米亞戰爭中成功降低醫院的死亡率，被後世稱為白衣天使。

什麼是「虛假關係」？

　　首先假設現在有兩個量數。相關關係指的是「其中一個量數有變化時，另一個量數也會跟著改變」的關係；**虛假關係則是「因為兩個量數**

互有關連，使得彼此看起來具有因果」的關係。在這個時候，兩個量數之間並沒有因果關係。彼此只是因為相關，才會讓人以為具有因果。

我們來看看圖2.1.2的圖表吧。這張圖表的數據就是前面提到，影星尼可拉斯凱吉拍過的電影數量以及泳池的溺斃人數。當尼可拉斯凱吉拍了越多電影，泳池的溺斃人數也在逐漸增加對吧？不過想當然的，兩者之間八成沒有任何因果關係。

「風越大，木桶店就越賺錢」的諺語，是指木桶店會因為風而生意興隆。換句話說，這也代表風與木桶店的生意具有因果關係。但是實際上，風與木桶店的生意好壞並沒有直接的因果。**就算數據顯示風吹得越大，木桶店的生意就越好，這個結果也可能是虛假關係。**

不過先等一下，即便是虛假關係，或許兩者在某個環節真的有因果關連也說不定。那麼接著下來，我們就來確認各個環節的內容。強風會掀起沙塵，這看起來的確很有可能；沙塵會飛進眼睛裡，造成失明的人增加，這似乎不是很常見的事；許多失明的盲人會去買三味線，這在那個年代確實可能發生；抓貓來製作三味線，導致老鼠越來越多，這聽起來也蠻有一回事的。可是說到底，會因為沙塵而失明的人原本就少之又少，再經過這一連串的過程，最後幾乎不可能發生大量老鼠咬壞木桶的事件。

看來以這句諺語的釋義，還是無法說明風與木桶店生意的因果關係吧。就算風吹強弱與木桶店生意的數據顯示相關，只要沒有直接的因果關連，這就有可能是虛假關係。

其實一般都會運用統計學的方法，來判斷兩個量數之間是否為虛假關係。如果你對這個專業的判斷方式有興趣，不妨可以參考統計學的書籍看看。

 ## 現實世界總是比想像的複雜

只要運用圖表或數據，通常就能顯示兩個量數之間的關係性。只是這個結果，有時候卻與一般人的印象大相逕庭。我們必須謹慎看待數

據顯示的極端結果。在身心沒有餘裕的時候，極端的數據會顯得特別有吸引力。需要以客觀判斷來守護健康與安全時，希望你能想起科學的力量。如果想要冷靜看待極端的數據，科學或許就能助你一臂之力。

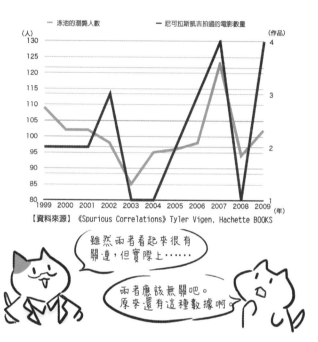

【資料來源】《Spurious Correlations》Tyler Vigen, Hachette BOOKS

圖2.1.2　虛假相關的知名實例

總整理

　　虛假關係是指看似具有因果，實際上卻沒有關連的數據資料。根據顯示方式的差異，有些數據會讓人誤以為有因果關係，在觀看的時候必須小心注意。

只要有數字，就代表有科學根據嗎？

藏在數字背後的真相

在新聞或廣告中，時常出現代表研究成果或實驗結果的數值。可是仔細看了之後，卻發現上面並沒有提及實驗的詳細內容。難不成就算有數字，也不表示具有科學根據嗎？

 ## 科學的重要原則～再現性～

理組的大學生大多都上過實驗課，也會在課堂上學到寫實驗報告的方式。實驗報告首先要從動機開始寫起，再來是記錄日期時間、天氣氣溫、實驗工具、實驗方法。接著得到實驗結果，最後是寫下討論內容。

需要寫下實驗動機和方法倒是可以理解，但為什麼還要記錄日期和時間？**其中一個原因，就是遵守科學的重要原則 —— 再現性。**

科學是探索世界的常規定律，不論是誰獲得的研究成果都必須讓任何人能再度重現。只要條件相同，任誰都能得到同樣結果。這就是科學的再現性。

為了讓數據擁有再現性，得讓其他人盡量重現實驗的所有條件。例如在晴天和雨天的夜晚放煙火，點火的難易度和火花模樣也會不一樣吧？做實驗也是同樣的道理。實驗當下的溼度和氣溫，都有可能產生任何影響。

現實中的科學研究也是一樣，有不少已經出版過的論文都曾受到重新驗證。也就是再度以相同的實驗條件，重新確認結果是否一樣的測試。如果只是寫幾個數字，缺少充足資料讓人判斷再現性的話，也無法保證該數字是否具有科學根據。

理組學生的必經之路———實驗筆記

必須正確記錄
實驗過程才行。

原子筆
為了預防被隨便
塗抹或修改,
使用原子筆
比較安心。

實驗筆記
為了預防被抽換
內頁,使用裝訂的
筆記本比較安心。

日期、天氣、
溫度、濕度、
工具、步驟、
結果……

依照筆記內容來完成實驗報告。

圖2.2.1　在製作實驗筆記時,也要記得使用正確的工具。

\還想了解更多!/

column

懷疑與學習

在一般的日常生活中,我們很少會主動懷疑數據或實驗的背景。平常要忙著工作或上學,如果在閒話家常的時候還得想東想西,根本沒辦法讓話題繼續下去。不過站在科學的角度,就必須隨時抱持懷疑的態度了。所謂的懷疑,就是要懂得思考事情是否合乎邏輯?是不是任何人都有辦法重現結果?如果你常因為好奇心太強,讀書老是沒有進度的話,或許你十分適合走上科學的道路。

其實在讀書的時候,不求甚解也是很重要的學習方式。在閱讀值得信賴的入門書或學術書籍時,先瀏覽、略讀一番也是一種學習手法。要在追根究柢與不求甚解之間做選擇,實在很容易陷入兩難啊。

科學的重要原則～可否證性～

科學另一個重要原則就是可否證性了。可否證性就是透過各種形式，測試該理論是否有辦法被推翻。

舉例來說，如果有個理論是「溫柔地對水說話，就能結出美麗冰晶；但如果運氣不好，有時候也不一定會成功」。接著實際對水溫柔地說話後，最後並沒有結出美麗冰晶。這個結果就會是該理論的反證。

不過這個反證並沒有效。因為該理論可以反駁「沒有結出美麗冰晶，是因為運氣不好的關係」。由於無法對這個理論舉出反證，就等於是缺乏可否證性，可知這個理論並沒有科學根據。

只要動手做實驗，就可以實際記錄對水說話的日期，也能測量當天的氣溫、濕度和水量等條件。但就算真的收集到了資料，只要這些數據不符合任何科學理論，便難以讓人以科學角度信服。

 ## 思考背後的科學根據

我們的生活充斥著許多數字，這些數字能讓人具體地想像出大小或規模。縱使沒有透過科學角度進行討論，但只要秀出數字，就很容易讓人信服。所以當你看到數字時，千萬不要盲目地囫圇吞棗，懂得思考數字的背景就是很有用的一招。

再現性   可否證性

只要實驗條件一
樣,任何人都能獲
得相同的實驗結果。

以客觀角度檢查
某項理論是否正確
的方法。

無法做出相同結果,沒有方法
進行確認的數據就不算具有
科學根據。

圖2.2.2 科學的兩大重要原則

總整理

　　數字容易讓人一眼就能理解,但我們必須懂得確認背後的實驗條件和資訊來源。大家可以透過再現性和可否證性,確認那些數字的說明是否有值得信任的科學根據。

與想像不一樣的比例差距？

調查方式與呈現方式

每天看著新冠病毒的確診人數不斷上升，讓我忍不住想著疫情是不是沒有終止的一天，心情越來越鬱卒。但是既然有人確診，就表示應該也有人康復了才對……現在引發話題的都是累計確診人數，而不是當下感染的人數。有其他數字也會像這樣因為調查方式和呈現方式的差別，導致資訊內容出現落差的狀況嗎？

 ## 印象與現實的差異

像是新聞報紙、企劃簡報或食品包裝，我們的生活充斥著各種數字。1天20萬人確診、獲得90%以上使用者的好評、含有300億個乳酸菌……千變萬化的數字會帶來各種想像。數字對人們來說總是具有無與倫比的說服力。

其中一種常見的數字就是「比例」了。例如在商品廣告、民意調查等資訊中，就會出現「90%以上的人都說好」、「6成以上的人表示贊同」的敘述。

然而，數字卻不一定會符合印象中的內容。數字本身的印象有時會與現實產生差異，數字的真正涵義也可能與想像中大相逕庭。

有各種各樣的東西可以用數字來表示，但在比例數字中，也會出現印象與現實的落差。眼前的比例數字究竟代表什麼呢？這次就要來回顧比例的涵義，教大家需要思考的重點。

\還想了解更多!/

需要著重視覺資訊的表達方式！

我們經常利用圓餅圖來呈現比例，但在使用立體圓餅圖的時候就必須特別留意了。例如下面的立體圓餅圖，靠近眼前的區塊看起來好像比後面還大。但如果改成平面圓餅圖，便能發現兩者面積其實一樣。這是因為立體圖片和色差容易讓人產生錯覺。比起第一眼的印象，我們也要懂得去懷疑實際的真相為何。

靠近眼前的區塊
好像比較大……？

實際上是平均的
6等份！

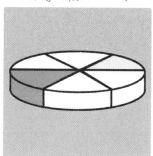
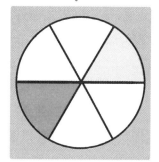

原來在外觀上會有差別啊。
自己使用的時候得小心一點！

圖2.3.1　小心立體圓餅圖！

如何看出母體的傾向？

　　假設現在向日本全國的小學1年級學生進行問卷調查，統計大家最喜歡的科目。在這樣的條件下，母體就是日本全國的小學1年級學生。

在2020年時，日本全國的小學1年級學生約為100萬人，是個相當龐大的數字。**要像這樣從多數人或眾多元素中收集資料，總共有兩種方法可以選。一種是全面調查，另一種是抽樣調查。**

全面調查是對母體的所有個體收集資料。以這次的例子來看，就是詢問每一位小學1年級學生喜歡什麼科目；**抽樣調查是從母體隨機抽選部分個體（樣本）作為調查對象。**也就是從全國的小學1年級學生中隨機抽選幾人，並詢問這些人喜歡什麼科目。

也許有人會納悶：「只調查一部分的人就夠了嗎？」其實只要運用統計學，就能知道部分個體的調查結果是否能代表整個母體的特徵。曾經有人以「試喝味噌湯」來比喻抽樣調查。意思就是「就算沒有全喝光，也能知道這碗味噌湯好不好喝」。

>> 該如何公布母體傾向的調查結果？

像這樣做完調查，準備對外公布大家喜歡哪個科目時，有幾個希望大家注意的地方。**其中一個就是要清楚註明母體。**這次的母體，就是2020年日本全國小學1年級學生。如果只寫出「小學生」或「1年級」，很容易改變讀者對調查結果的印象。

除此之外，**也要記得註明是用什麼方式隨機抽選樣本。所謂隨機，也就是亂數抽選。**一般在做民意調查時，通常會隨機挑選電話號碼進行電訪。這是為了避免讓調查對象只集中在「東京都的居民」、或是「曾做過某項登記的人」等等，防止調查結果產生偏頗。

像這樣把「**日本全國的小學1年級學生**」作為母體，**選擇可以鎖定的族群作為調查對象也是個關鍵。**若是把「在2021年某天唱過歌的人」作為母體，就會很難找出符合該條件的調查對象。畢竟有人會無意識地用鼻子哼歌也說不定。

母體

所有調查對象構成的集合。
全面調查會以此為對象進行
調查。

隨機抽樣

樣本

從母體中隨機抽選部分個體
的子集合。
抽樣調查會以此為對象進行
調查。

圖2.3.2 全面調查與抽樣調查的差別

 ## 數據比印象更重要

　　像上述那樣調查並公布問卷結果或數據時,大家必須特別注意一點。就是讓接收資訊的對象清楚了解這是什麼樣的調查。反之,在遇到無法一眼確認內容的統計資料時,就要記得提高警覺。

　　接收方對於數字的認知,會依據調查方式和公佈資料的方法產生改變。比例數字也是其中之一。在接收或是發布資訊的時候,必須要讓大眾正確了解其中的內容。

2.4 數字 1 + 1 為什麼等於 2 ?

理所當然的事實

據說科學的基礎，就是要懂得懷疑看似理所當然的事。
於是我就當作是被騙一次，開始試著懷疑周遭的大小事。
最後我想起了國小數學課學到的 1+1=2。雖然我覺得這應該是沒什麼好議論的常識……但為什麼 1+1 會是 2 呢？

 ### 證明 1 + 1 ＝ 2

如果有人要你證明「1加上1是2」，請問你會怎麼做呢？1顆蘋果加上1顆蘋果，最後會變成2顆蘋果。如果用算式呈現，就會是1＋1＝2。這樣的說明或許也稱得上是一種證明方式。

不過，假設有人的思維是「1和2本身究竟是什麼」，又或者對方從來沒看過蘋果，甚至是個外星人的話，我們又該如何說明呢？

在古希臘時代，當時的數學不需要證明，不必透過邏輯來說明前因後果。我們在國中小學學到的數學證明，是畢達哥拉斯學派在西元前5～6世紀奠定。

隨著時代推進，出現了試圖用符號和證明來建構數學領域的新世代，其中一人就是19世紀的義大利數學家朱塞佩・皮亞諾（Giuseppe Peano）。皮亞諾沒有使用蘋果之類的具體物品，僅用語言和符號就定義了1、2、3等等的自然數。本節就要介紹皮亞諾的自然數定義，還有以此證明1＋1＝2的方式。就算是不擅長數學證明的人也一定看得懂。就讓我們來享受充滿符號和規則的世界吧。

朱塞佩・皮亞諾
(1858～1932)

義大利的數學家和邏輯學家,
也是符號邏輯學的創始人。

甚至還有這麼一段故事……

明明沒有任何人在轉貓,
貓卻能在半空中轉一圈。
這難道沒有違反物理定律嗎?

貓在轉身的時候,
尾巴同時也會往反方向轉,
所以不算違反物理定律。

＼朱亞諾大師說得好!／

圖2.4.1　關於朱塞佩・皮亞諾

＼還想了解更多!／

教科書的說明方式其實在各種場合上很有用?

數學教科書中會出現「這樣的四邊形稱為正方形」的定義和說明,看起來簡直像是多此一舉的陳述。其實會這麼寫的原因,**就是預防在科學和數學的討論中出現任何誤解**。討論的過程中一旦有誤,或者是讓人產生誤會,就會在錯誤的前提下得到錯誤的結論,討論不出個所以然。

為了避免在任何環節引發誤解,確實傳遞正確無誤的資訊,即使是「我早就知道了」的事情,也要不厭其煩地寫清楚。像這種以互相討論作為前提的做法,或許也是一種體貼的表現。

從符號來思考數字

在「1＋1＝2」的公式中，包含了數字1和2以及符號＋。我們首先來看看數字吧。1和2這種比0大的整數稱為自然數，皮亞諾就以「皮亞諾公理」的5條公理定義了這些自然數。

<皮亞諾公理>

以集合N來思考下述性質。

　（1）集合N中包含元素1。

　（2）集合N的每個元素都有一個後繼數。

　（3）不同元素會擁有不同後繼數。

　（4）1不是任何元素的後繼數。

　（5）當集合N的元素1滿足性質A時，若集合N的元素n具備性質A，
　　　　且n的後繼數也具備性質A的話，集合N的所有元素都會具備
　　　　性質A。

在這個情況下，N稱為自然數的集合，N的元素則稱為自然數。

接著來看看符號＋。我們也先來定義它一下吧。假設集合N包含元素n，並成立n＋1＝n的後繼數。首先設一個自然數a，並加上另一個自然數b的後繼數。在這個時候，便會成立a＋（b＋1）＝（a＋b）的後繼數。另外自然數a則會成立a＋0＝a。

好，目前材料都準備好了。我們就以剛才訂定好的數字與符號定義，來證明1＋1＝2為真命題吧。

依照（1）的陳述，可以確定1為自然數；接著根據（2），可得知1只有一個後繼數，並用2來代表。假設a＝1，那麼a＋（0＋1）就會是1＋1，因此1＋1便是（a＋0）＝（1＋0）＝1的後繼數。剛才已經決定用2來代表1的後繼數，所以左邊是1＋1，右邊是2，換言之就是1＋1＝2。

就算不用想像或具體物品來代表自然數，我們也能像上述這樣以符號證明1＋1＝2。

根據 (1)，可得知有 1 的存在。
根據 (2)，可得知 1 有個後繼數，
並用 2 來代表該數字。

假設 $a=1$，$b=0$，
就表示 $1+1=a+(b+1)\cdots①$

並同時成立下述關係。
$a+(b+1)=(a+b)+1\cdots②$

$a+b=1+0=1$，且 1 的後繼數為 2，
就表示 $(a+b)+1=2\cdots③$
根據 $①\sim③$，所以 $1+1=2$。

圖2.4.2　以皮亞諾公設來說明 $1+1=2$

符號的力量

　　皮亞諾的研究目的，是試圖以邏輯取代直覺來建構數學。不過像是法國數學家勒內·笛卡兒（René Descartes），則是在仰賴直覺的幾何學中運用座標來計算，是另一種不同的解析方式。人們在習慣符號以前，可能會覺得用起來很不順手，但其實符號無關直覺或資質，是能讓任何人體會數學奧妙的可靠夥伴。

 總整理

　　即使缺乏直覺，符號也是能讓我們體會數學奧妙的好夥伴。只要運用皮亞諾的自然數定義，還有皮亞諾公理與加法定義，便能依靠邏輯和符號來證明 $1+1=2$。

物理學與數學有什麼關係？

兩邊都會用到式子

一聽到有關物理學的內容，我的腦袋總會莫名地一團混亂。在物理定律中，似乎經常以公式來表示。換句話說，如果我們發現了新的數學公式和理論，是不是也有機會找到新的物理定律呢？我原本以為數學和物理學屬於不同領域，難不成它們其實互有關連嗎？

互有關連的 2 個領域

曾有科學家表示「數學是解讀世界的語言」。這個人物就是義大利物理學家伽利略（Galileo Galilei）。包含古希臘的自然哲學家亞里斯多德（Aristotle）在內，當時人們在探究自然現象的時候都不會用到數學。然而，伽利略卻堅信「數學才是解析自然現象的真正途徑」。伽利略的這個精神，也持續傳承到了後世。

將數學活用在物理學上，並發現知名物理定律的大人物中，就有牛頓（Isaac Newton）的存在。牛頓是英國的科學家，在數學和物理學都有留下許多重大發現。其中最有名的就是微積分以及萬有引力定律。

微積分是數學理論，萬有引力則是物理定律。雖然我們一般在學校都是分開學習，但其實牛頓就是根據微積分發現萬有引力定律。當數學有了發展，物理學也會跟著進步。從微積分的出現，再到發現萬有引力為止，這段期間又經過了什麼樣的歷史呢？

本節就要透過牛頓一邊回顧這段歷史，一邊來思考數學與物理學的關係。

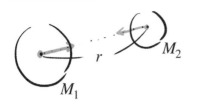

萬有引力定律

2個物體之間具有相互吸引的力量,這個力量就稱為萬有引力。

以公式來表示……

萬有引力的大小

$$F = G\frac{M_1 M_2}{r^2}$$

其中一方的物體質量

另一方的物體質量

物體之間的距離

G代表Gravity(重力)的第一個字母,是名叫萬有引力常數的常數。

第2章 數字與科學

圖2.5.1 何謂萬有引力定律

\還想了解更多!/

column

「物理學」的語源

物理學一詞,是來自希臘文的physis(意指自然、原始型態)。由於是探討自然現象與物體性質的學問,就被稱為physics。

日本是從明治時代開始翻譯為「物理學」,在1883年時,物理翻譯學會正式決議將「物理學」訂定為英文physics的譯詞。「物理」原本是中國儒學的詞彙,在儒學中包含了社會的倫理與情義,意指萬物的道理。

研究數學的物理學家

1687年時，有個人出版了一本名叫《Principia》的書。這本書的正式名稱為《自然哲學的數學原理》，乍看像是數學也像是哲學的書。這是一本為現今力學發展奠定重要概念的書，作者就是英國科學家艾薩克·牛頓。牛頓是個哲學家兼數學家，同時也是一名物理學家。

萬有引力指的是兩個物體相互吸引的力量。這股力量的大小，會與兩個物體的質量成正比，與物體之間的距離平方成反比。也就是物體的質量越大，彼此的吸引力就會越大；物體之間的距離越遠，彼此的吸引力就會越小。

微積分則是從古希臘時代開始出現。**有個名叫阿基米德（Archimedes）的人發明了名叫「窮舉法」的計算方法，這便成為微積分發展的開端。**利用窮舉法，就算是具有複雜曲線的圖形也算得出面積。只要畫出許多像是小三角形的多邊形填滿圖形，就可以藉此計算出圖形面積。

之後，笛卡兒在1637年發明了座標系統。笛卡兒在當時，認為世間萬物都能用數字來呈現。坐標軸長得就像尺規，在平面用點的位置來表示數字。座標系統上的曲線也是由點匯集而成，同樣可以轉換成數字和公式。**有了座標系統，讓我們連曲線也可以拿來做計算。**

將阿基米德利用小圖形填滿面積的點子，放在笛卡兒的平面座標上後就是積分，在平面座標上求得曲線斜率的計算則是微分。牛頓奠定了微分與積分的基礎，也發現了微分與積分的互逆關係。如此一來，就算是用複雜曲線畫出來的面積，也可以運用微分和積分計算出答案。

牛頓在研究天體運行的時候，就應用了這樣創造出來的微積分。德國天文學家克卜勒（Johannes Kepler）在1610年根據觀測，發現了有關行星的三個定律。牛頓運用微積分進行調查，注意到太陽與行星之間存在著引力。他甚至還發現這個引力，會與太陽和行星之間的距離平方成為反比。這就是根據觀測結果與數學計算，成功找到萬有引力定律的瞬間。

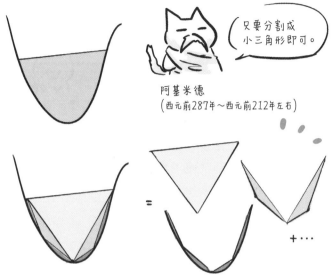

圖2.5.2 阿基米德表示只要分割成三角形，就能算出複雜圖形的面積

互相扶持的物理學與數學

　　牛頓奠定了微積分學，並利用微積分與克卜勒找到的三個定律，成功發現了萬有引力定律。萬有引力定律可以用來調查物體運動，屬於物理學的範疇之一，是力學上不可或缺的定律，即使在300年後的現在也毫不褪色。如果沒有微積分，也許牛頓就不會找到萬有引力定律了。**雖然物理學和數學，在科目課程及學習領域上通常是分別獨立，但彼此之間仍然有著密切關係。**

　　牛頓從古希臘人計算面積的方法奠定了微積分學，並運用微積分發現了萬有引力定律。如同力學與微積分學的關係一樣，物理學與數學之間其實也有相當緊密的連結。

奇妙的數列就近在身邊？

2.6 數字

向日葵的種子

在物理學中，似乎都會運用數學來呈現自然定律。那麼在日常生活中，有沒有什麼東西會用數學來呈現呢？我自己經過一番調查後，便發現向日葵種子的排列方式也有著定律。說不定在我們身邊，會意外看得到許多規律的數字。

 ## 美麗的秩序

在我們的生活周遭，其實有些事物都乖乖遵守著奇妙規矩，或是具有規律的特質。例如你現在拿的這本書，每一頁都是長方形的形狀。將長方形縱向或橫向對折一半，所有邊角都可以完美重合。像這樣「完美重合」的性質，也是可以用數學來表現的特徵之一。

除了物體之外，生物的外型和數目也會出現規律性。本節要介紹的就是其中的斐波那契數列。

顧名思義，數列指的就是數的排列。斐波那契數列的規則，就是每一項數字都會是前兩項數字加起來的總和。排列在向日葵花盤上的種子數量，就是符合斐波那契數列的知名範例。

聽說斐波那契（Leonardo Fibonacci）十分熱衷研究數學，總是會去細數周遭物品的數目。一般在生活中，應該很少有人會一一注意物品的形狀或數量。現在大家可以把自己想成斐波那契，暫時放下平時的生活方式，試著享受一下數的世界吧。

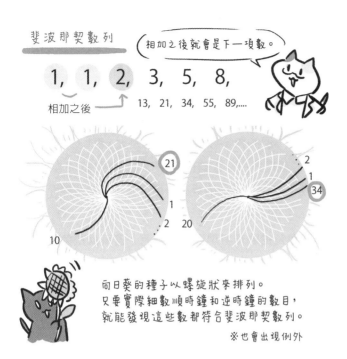

圖2.6.1　向日葵種子與斐波那契數列的關係

\還想了解更多！/

數學家李奧納多・斐波那契

斐波那契是12世紀～13世紀的義大利數學家，他跟著赴任工作的父親前
往北非，之後又到埃及和希臘旅行。他在各地學習了數字的記數法和運算
方式後歸國，並在2年後發表了著作《算盤書》。在這本書中，就記載著
斐波那契數列和阿拉伯數字。在本書的2.8中，也有提及有關阿拉伯數字的
內容。

兔子數量與斐波那契數列

現在來說明一下斐波那契數列的規則吧。在這個數列中，每一項數會是前兩項數的相加總和。

首先，我們要準備兩個項目。為了讓最先設計出來的數符合規則，必須先想好前一項與前二項的數。假設這兩項分別是1和1，下一項數則是這兩個數的總和，也就是1＋1＝2（在本書的2.4也有介紹1＋1＝2的由來）。接著是以1＋2＝3、2＋3＝5的規則接續成數列。所以現在完成的數列，就是1、1、2、3、5⋯⋯

那麼斐波那契究竟是從哪裡發現這個數列呢？答案就是兔子的出生數量。如下列所述，斐波那契數列在《算盤書》就談論了兔子的數目。

假設1對兔子（一公一母）會生下1對幼兔，新生的幼兔在出生2個月後，每個月又會再生下1對幼兔。如果原本只有1對兔子，在經過數個月後，總共會有多少對兔子呢？

一開始只有1對兔子，在第1個月的時候還不會生小孩，所以此時維持1對兔子；第2個月的時候生下1對兔子，此時總共有2對兔子；第3個月的時候，原本的第1對兔子又會生下1對兔子，此時就變成3對兔子；接著在第4個月的時候，原本的第1對兔子和第2對兔子會分別各生下1對兔子，所以3＋2之後會有5對兔子。

將兔子對數依照時間順序來排列，就會是1、1、2、3、5⋯⋯排列規則的確與斐波那契數列相同。

雖然上述範例是最理想的設定，但包含向日葵種子的排列在內，在生物界中都能看到許多符合斐波那契數列的現象。**而且除了與生物有關之外，斐波那契數列的數學特質也是其中的趣味所在。**有這麼多自然數像這樣1、1、2、3、5⋯⋯不停排列下去，但是斐波那契數列的無限總和卻是－1。沒想到正數一直相加下去，最後的總和竟然會是負數，實在令人驚訝。

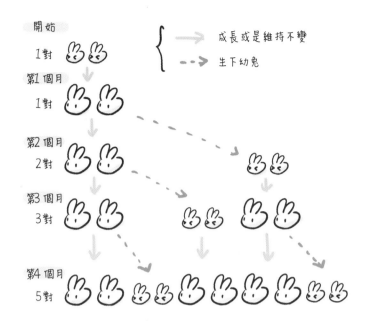

圖2.6.2 兔子數量與斐波那契數列

身邊的數字就是通往數學的入口

以數學角度來觀察生活周遭的數字特質,便可以接觸到個新的一面。儘管數數字的舉動看起來十分單調,但最後卻能得到豐碩的成果。

總整理

斐波那契數列是假設最開始的兩項數分別為 1 時,之後的每項數會是前兩項相加總和的數列。斐波那契數列除了會出現在周遭的動植物身上,在數學方面也具有有趣的一面。

「虛擬」的數字？

好像有很多用途的樣子

我和物理學系的朋友見了面，聽說他最近開始在上電磁學，課堂中好像就出現了虛數。虛數的「虛」是虛幻的虛。我們平常在計數的時候，會用到自然數1、2、3，但是幾乎沒有數過虛數。會應用在物理學上，又與電力和磁力息息相關的虛數究竟是什麼？話說虛數真的存在嗎……

 平方後為－1的數

如同2的平方是4、3的平方是9，只要是某個數字的平方，我們都會不假思索地覺得是正數。既然如此，究竟什麼數字的平方會是-1呢？

答案就是 i。平方後為－1的數字在現代稱為虛數單位，並擷取虛數的英文「imaginary number」的第一個字母作為符號，以 i 來表示虛數。imaginary是「想像」的意思。這是個讓人疑惑虛數是否真實存在的奇妙名字。

關於存在與否的議題，過去也曾發生在負數身上。儘管如此，我們現在都會自然地在學校學到負數。例如大家會說「今天的氣溫是-5度」、「這個月的收支是負的」等等，在日常生活中也經常使用到負數。

虛數雖然不像負數那樣直截了當地出現在生活中，但在數學和物理學的世界裡，虛數是用來記錄波動、電磁力等現象的重要工具。還有一些運用虛數的研究，也能活用在生活中的電器產品。在虛數跳脫存在與否的質疑，開始廣泛受到使用的過程中，到底發生了什麼事呢？在本節就來關注一下其中的歷史吧。

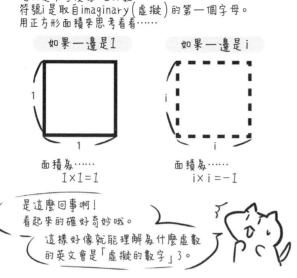

虛數單位 i 是什麼樣的數？

指的是平方後為-1的數。
符號 i 是取自 imaginary（虛擬）的第一個字母。
用正方形面積來思考看看……

如果一邊是1

1
1

面積為……
1×1=1

如果一邊是 i

i
i

面積為……
i×i＝-1

是這麼回事啊！
看起來的確好奇妙哦。

這樣好像就能理解為什麼虛數
的英文會是「虛擬的數字」了。

圖2.7.1　以面積和方程式來思考虛數……什麼是虛數單位？

還想了解更多！

column

負數的歷史

在亞歷山大港有一位名叫丟番圖（Diophantus）的數學家，同時也是解
開方程式和不等式的人物。在丟番圖所在的3～4世紀左右，現在的負數似
乎被稱為「避而遠之的數」，當時的人都很排斥出現負數的方程式。數學
直到17世紀為止都以正數為主，但是在16世紀，卡爾達諾（Gerolamo
Cardano）提出負數的概念，並在高斯（Carl Friedrich Gauss）以平面
圖表說明之後，世人也開始頻繁使用並逐漸接受負數的存在。

虛數是什麼東西？

17世紀時，數學家的注意力都放在方程式身上，其中又更是著迷2次方程式和3次方程式的解。關於這些方程式，可以利用因數分解或求根公式來解題。在這其中，就出現了平方後是負數的問題。

起初，數學家卡爾達諾稱呼這種數為fictious（虛構的東西）。眾多數學家都認為經過相乘，不可能會出現負數。

在負數剛出現的時候，也發生過這種「排斥」的風潮。因為當時的人都不太相信負數。歐洲一開始就稱負數為「比沒有還要少的數」，或是「沒有道理的數」。等到首次有了圖像，能夠直覺性地表達負數後，數學家們才終於接受負數的存在。有個能讓人一眼就了解的形象，真的具有相當大的效果。

18世紀末，大家開始嘗試以圖表表示虛數，想辦法以圖來解析說明。最後是德國數學家弗里德里希‧高斯將i設為座標單位，畫出了橫軸單位為1，縱軸單位為i的複數平面。

能以a＋bi之形式呈現的數稱為複數。複數平面的橫軸稱為實軸，縱軸稱為虛軸。在這個二維平面上，每一個點都分別代表不同複數。另外還有複數的相乘運算，同樣也能以圖來解釋。例如1在複數平面的實軸上，當它乘上i之後，以1×i＝i之形式得到的答案為i，這個i則位於虛軸上；如果再乘上i，得到的答案為－1，並且位於實軸的左側數線上；接著繼續乘上i，得到的答案為－i，並且位於虛軸的下方數線；假如再乘上一次i，這個點又會回到原本的位置。如此一來，就可以在複數平面上以點代表虛數，用平面移動的方式來呈現虛數的計算。

通過這樣的方式讓複數有了複數平面的形象，也讓研究取得了進展，而現今高中數學的最後學程也會學到複數。現在複數也會被拿來應用在電磁學、量子力學等領域上，在表現電磁波等波動時更是不可或缺的存在。在工學方面，也運用了電磁學和量子力學的研究成果製造出眾多產品。即使到了現在，虛數依舊間接地支持著我們的生活。

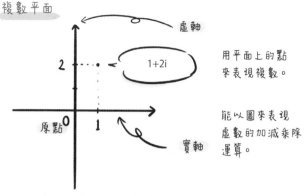

複數平面

虛軸

2 ⋯⋯ 1+2i

原點 0   1

實軸

用平面上的點來表現複數。

能以圖來表現虛數的加減乘除運算。

有了圖，讓人們開始接受虛數與複數的存在⋯⋯

好像連相乘為負的數也能找到意義！

我們再多研究一下虛數吧！

圖2.7.2　以圖表現虛數！高斯的複數平面

 ## 不可思議的數之世界

　　有了高斯的複數平面，虛數的研究開始出現進展，之後在呈現波動的現象上發揮了巨大功用。我們經常看到有人疑惑虛數是否真的存在。關於虛數的存在與否，是一個相當困難的問題。**但可以肯定的是，虛數對我們人類來說已成為了一個重要概念。**

 總整理

　　虛數是指平方為負數的數，經過高斯的可視化之後，才開始廣泛受到世人接受。雖然虛數在歷史上曾有一段不被承認的時期，但對現代科學技術來說已是不可或缺的存在。

數字

2.8

數字是何時開始出現？

數字的年表

在理科課本最後面有刊載年表，上面一直回溯到了西元前的希臘。現在仔細想想，我們使用的數字究竟是在哪一段歷史出現的？在傳入現在的數字以前，古時候的人又是如何做計算呢？

 科學中的重要元素

在理科或數學的課堂上，有些讀者應該很喜歡看課本最後的年表。在年表中，會記載某人在某年發現或發明了某個東西。數字一樣也是由某人創造的東西之一，並傳承至今。

除此之外，數字對科學來說也是個重要元素。在16世紀，義大利的物理學家伽利略建立了以實驗證明科學理論的研究方式。**如果沒了數字，一定就難以從實驗的客觀角度，來判斷理論是否與實際現象吻合了。**

現在的數字是以1、2、3、4的阿拉伯數字作為主流，但在過去的歷史中，人們曾用各式各樣的方法來記錄數字。我們現今習慣使用的這些數字，究竟是來自何時何地呢？數字到底是起源於哪裡？是如何誕生並廣為流傳？是怎麼樣傳入日本？本節就讓我們來回顧一下這些歷史吧。

 起源於印度

現在以0～9為基礎的阿拉伯數字，據說原型是取自6世紀的印度數字。

圖2.8.1 用身體表現數字的手勢

column

＼還想了解更多！／

「科學」一詞從何而來？

據說日文的「科學」，是一位名叫「西周」的人創造的。在明治時代，從西方引進的科學會經過詳細的分門別類，這些學問充滿豐富的知識和實用性，因此當時這些西方學問又稱為「百科之學」，進而有了「科學」的名稱。其實科學不只有實用知識的一面，也有透過觀察來加深對自然現象的理解等哲學面向。

　　之後因為發現了印度數字沒有的0，便逐漸有了個位數、十位數的計數方式。

這些數字和文字傳進到阿拉伯半島的國家後，在12世紀又被引進到**歐洲**。雖然一開始是源自於印度，卻是透過阿拉伯人才發揚光大，所以現在才會稱為阿拉伯數字。現今的數字寫法，則是直到16世紀左右才被正式奠定。

當時的歐洲都是使用羅馬數字，但是一旦數字越大，寫法就會變得越複雜，成為羅馬數字的一大難題。相較之下，阿拉伯數字寫起來顯得簡單明瞭，也讓阿拉伯數字逐漸滲透歐洲的文化。義大利是歐洲當時的文化大門，將阿拉伯數字引進歐洲的人，正是在本書2.6登場過的義大利數學家斐波那契。

阿拉伯數字是在明治時代傳入日本，起因則是日本的計算方式有了改變的緣故。在此之前，日本都是使用中文數字和算盤來做計算。到了明治維新後，人稱「洋算」的歐洲計算方式和數學被引進日本。為了配合洋算，日本才會開始接受阿拉伯數字。

之後，日本在首次制定關於學校教育的法律和學制時，規定學校必須教導學生如何使用洋算。不過在實施初期，還是有人會用中文數字做洋算，算盤也短暫復活了一陣子。對於現代的我們來說，筆算是在小學就會學到的計算方式，大家也都覺得理所當然。**根據大家第一次學到的知識以及社會當下的習慣，都會影響大眾對於新事物的接受程度。**

 ## 數字是文化的一部分

數字能夠顯示今天的日期，也可以用來代表這本書的頁數。在這些符號背後，有著一段關於人們懂得計數，人類創造了數字，並傳承至今的歷史。早在學校教導我們算數和數學以前，計數和數字就已經是人類擁有的文化了。你或許會覺得數字或數據很沒有人情味，看起來缺少了溫度。當你有了這種感覺時，希望你能想起數字其實就是出自人類之手，並傳承給後世的實用工具。

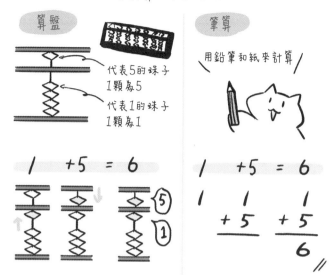

來計算一下1+5吧

算盤

代表5的珠子
1顆為5

代表1的珠子
1顆為1

1　+5　= 6

筆算

用鉛筆和紙來計算

1　+5　= 6

圖2.8.2　算盤與筆算

總整理

　　日本直到幕府末年為止，都是使用中文數字和算盤。不過到了明治維新之後，便開始使用以印度數字為基礎的阿拉伯數字作為筆算。數字是人類創造的工具，也屬於文化的一部分。

對數有什麼用處？

 ## Log 是用來做什麼的？

高中數學有各式各樣的學習單元，指數和對數便是其中之一。**指數是代表某數的次方**，例如「9是3的2次方」時，2就是指數；**對數是代表某數為另一個某數多少次方的數字**，例如「9是3的2次方」時，3稱為底（基數），9稱為真數，2稱為對數。

指數函數是用來表現某數連續相乘的形式。例如在 $y = 2^x$ 的函數中，x為1就是1次方，x為2就是2次方。x越大，乘上2的連乘次數就越多。所以，當x的數字一變大，數值就會比 $y = 2^x$ 這種單純乘上2的式子還要快速增長，讓y在轉眼之間急速增加。**指數函數總是會有爆炸性成長的印象。像y這樣劇烈增長的情況，就稱為「呈現指數成長」。**

我們雖然會在電視新聞上看到指數函數，但如果你不是鑽研數學物理或工學的人，應該很少有機會接觸對數的運算。畢竟這看起來不但麻煩，也不像加減法那樣有具體的便利用途。當時學的對數到底是什麼？是誰為了什麼創造的？現在又被用在哪裡呢？本節就要介紹對數的背景和具體的使用範例。

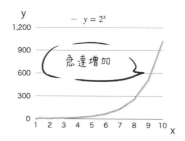

指數　顯示要連續相乘多少次。

2^3 ─ 指數
$= 2 \times 2 \times 2$
（2連續相乘3次）

急速增加

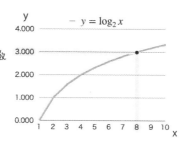

對數　可以知道該數字相乘了多少次。

$\log_2 8$ ─ 對數

$= 3$（8是2的3次方）

圖2.9.1　複習一下指數和對數的基礎知識吧！

還想了解更多！

column

納皮爾留下的知識

納皮爾（John Napier）出生於英國（蘇格蘭），醉心鑽研神學和占星術，在占星術的領域上也是一位佼佼者。身為數學家的他，主要在研究如何讓計算變得更簡單，更具有體系，並留下了許多研究成果。納皮爾的目標，就是簡化三角形邊角的幾何運算。像納皮爾這樣以「整理運算」、「創造數學體系」為目的，進而投入數學研究的數學家也不計其數。

納皮爾心目中的數學

　　發明對數的人，是英國（蘇格蘭）的數學家約翰・納皮爾。在17世紀，當時十分盛行天體觀測，也正好是發明了望遠鏡的時期。在許多高中課本裡，通常會在指數後面接續對數的課程。先說明指數再介紹對

數，是一段非常自然的教學順序。但是從歷史上來看，其實對數比指數還更早被發現。

對數的便利之處，就是可以把龐大數字的相乘變換成加法運算。在納皮爾發明對數的17世紀，天文學家克卜勒和伽利略在當時的表現十分活躍。關於天文學的相乘運算，那時候都是徒手算出這些天文數字。要徒手算出龐大數字的相乘結果，是一個相當浩大的工程。舉例來說，5位數×5位數的計算，會得出9位數或10位數的結果，數字的位數會越來越多。

除此之外，由於當時的船隻必須仰賴星星方位來確認行進方向，所以大家都和天文學家一樣，必須懂得關於天文的計算。要是計算錯誤，很有可能會因此遭遇船難。

在有了對數之後，便可以得知某個龐大數字是哪個數的幾次方，能夠以簡短的方式來呈現。例如1,000,000,000（10億）是個很大的數字，但如果把它想成是10的幾次方之後，便能簡單以$\log_{10} 1,000,000,000 = 9$來顯示。由於計算起來也相當輕鬆，甚至還有人覺得對數讓天文學家延壽了2倍。

>> 我們生活周遭的對數

那在我們的生活中，又有哪些地方會用到對數呢？其中最有名的例子，就是代表地震規模的數字──芮氏規模。目前在全球受到廣泛使用的芮氏地震規模，是將地震釋放的能量稱為E，地震規模稱為M，並以下述式子來呈現：

$$\text{Log}_{10} E = 4.8 + 1.5M$$

地震釋放的能量E相當龐大，所以會先計算E是10的幾次方，也就是式子左邊的部分。接著再加上右邊的部分後，這個式子就代表地震釋放的能量E是10的$4.8 + 1.5M$次方。如果E大約是1,000,000,000，左邊的

部分就會是9。以$9 = 4.8 + 1.5M$的式子來解開M，便能知道$M = 2.8$，成功得出地震規模為2.8的答案。

　　對數的強項，就是能像這樣縮短龐大數字，讓運算變得輕鬆簡單。在科學中，我們經常把各種現象轉換成數字，透過運算來探討其中的關係。計算方式變得簡單又快速後，有時候也能加快該領域的發展。

　　以天文學的計算為首，對數在各個領域中都有活躍表現。現在我們會學習對數，正是因為對數為數學、為人類帶來了極大的貢獻。

地震釋放的能量相當巨大，
大約會呈現6～10位數
的數字。

於是……

先利用對數大略算出是10的幾次方。
假如釋放能量為E，地震規模為M的話……

$$\log_{10} E = 4.8 + 1.5M$$

好厲害！竟然變成1位數的數字了！
原來還可以這樣運用啊。

圖2.9.2　用來定義芮氏規模的對數

 ## 便利地使用數學吧

　　如同這次介紹的對數，時常有人不曉得學校教的數學知識有何用途和意義。我們在學校學到的數學，並不是打從一開始就憑空出現，而是某人創造出來的產物。只要了解當初是為何而發明，又在哪方面帶來便利之處，便能讓你更進一步靠近數學。

總整理

　　對數是用來簡化運算的發明，最大的強項就是可以輕鬆計算龐大數字。這項特徵至今仍具有強大用途，也被用來表示地震規模的大小。

＼還想了解更多！／

column

用圖像計算的算盤世界

很多東西都能拿來作為計算工具。如果只有個位數，可以用手指來數1、2、3……；若要計算稍微大一點的數字，筆算就能幫上很大的忙。

手指利用的是身體動作和感覺，筆算是以文字和圖形來計算。

因為澀澤榮一的著作《論語與算盤》而在日本打響名號的算盤，則是透過圖像來做計算。算盤上有代表1和5的珠子，計算時需要撥動珠子進行加減乘除，或是算出平方根的解答。

學過算盤的人會記下算盤的圖像，還能利用這個圖像代替實際的算盤，在腦中默默進行心算。

只要學過一次，甚至會讓人覺得珠算比筆算更輕鬆。如果你有興趣，一定要親自體驗一下珠算的厲害。

第 3 章

社會與科學

這邊要介紹科學與
社會的關連,以及應用
在社會上的科學研究。

感覺好難哦。
我學得來嗎?

別擔心!
說不定會稍微改變你
對研究的看法喔。

傳染病的數學模型

關於那個數學模型

2020 年爆發了新冠病毒疫情,為了防止疫情繼續擴散,政府呼籲民眾減少不必要的外出,度過了辛苦的 1 年。如果少了政府的呼籲和要求,說不定疫情會變得更加嚴重。在預測未來疫情的時候,就會使用到「數學模型」。當時用的數學模型究竟是什麼?我現在好想研究看看。

科學只研究自然現象嗎?

一般對於科學研究的印象,可能會覺得都是在探討宇宙或是恐龍。但其實科學除了自然現象之外,也會把社會現象當作研究對象,成為大眾生活的支柱。2020年時,北海道大學的西浦博教授運用數學模型,預測了新冠病毒的疫情擴散。當時作為預測基礎的一項數學模型,就是稱為SIR模型的傳染病模型。

SIR模型是1927年提出的數學模型。透過SIR模型得到的預測結果,成功重現了印度在1906年的鼠疫疫情數據。SIR模型現在依然發揮優秀能力,顯示了傳染病流行的社會現象。

SIR模型可以重現傳染病流行的什麼特徵呢?本節就要來介紹傳染病防治措施的強力夥伴 —— SIR傳染病模型。

以科學角度探究傳染病

SIR傳染病模型是在1927年受到發表,發表人是英國的生化學家柯馬克(Kermack),以及醫師麥肯德里克(McKendrick)。

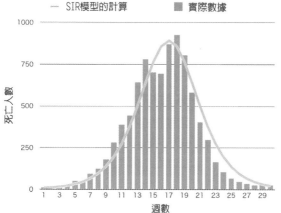

【參考文獻】Kermack William Ogilvy and McKendrick A. G. 1927A contribution to the mathematical theory of epidemics Proc. R. Soc. Lond. A115700-721

> 實際數據是1905年12月17日至1906年7月21日之間，在印度孟買死於鼠疫的人數。

> 由圖可知數學模型預測的答案，與實際數據的情況明顯一致。

圖3.1.1　與印度流行鼠疫時的數據做比較……

＼還想了解更多！／

column

在受到廣泛運用之前

SIR模型是在1927年出現，於此後的數十年裡，該模型在研究數學或數理生物學的領域上取得了持續發展。到了1980年代，全球開始流行愛滋病的時候，SIR模型被用來預測愛滋病的流行與療效評估，研究得到了迅速的發展。在2019年時，SIR模型被用來即時分析傳染病流行，預測結果也被拿來反映在實際政策上。SIR模型發展至今，經歷了90多年的歲月。看來所謂的研究，並不是只要「當下有用」就夠了。

　　S、I、R這3個字母，分別代表了不同的人口狀態。S是尚未受到感染的人口數量（Susceptible），I是已經感染的人口數量（Infected），R是受到隔離、染病死亡，或是獲得免疫力的康復者人口數量（Remove、Recovered）。

在SIR模型中，會先假設現在碰到的是新型傳染病，目前沒有任何人對該傳染病持有免疫力的狀態。另外，在實際的都市人口，會因為出生、死亡或移動而產生變動，但是SIR模型設想的狀況則是在短時間內流行病擴散，擴散的速度甚至快到能無視人口變化的程度。

在SIR模型中，會以數學來表現人與人之間的傳染狀況。尚未感染的人（S）有一定機率會受到感染（I），目前已經感染的人（I）有一定的機率會病逝，或是被隔離到都市以外的地方，也有可能痊癒康復（R）。經過一段時間，每個人從S變成I，或是從I變成R的機率會不斷更新，並建立為方程式。**透過這個方程式，便能預測傳染病的流行會因為時間產生什麼改變。**

>> SIR模型針對傳染病的解析結果

研究傳染病在流行初期會擴大疫情的條件後，發現關鍵就在於1名感染者平均會傳染給多少人，這稱為基本再生數。當基本再生數大於1，表示該傳染病會繼續擴大。基本再生數與傳染力和都市人口數成正比，與感染後病逝、被隔離或康復的機率成反比。換句話說，**當傳染力越強，都市人口數越多，以及感染症狀持續愈久的話，1名感染者會傳染給其他人的機率也會越高。**

此外，在傳染病開始流行之後，也能預測接下來的疫情會如何擴大。根據SIR模型的方程式來計算，感染者人數（I）依據時間產生的變化可以畫成一條曲線。**從這條曲線就能預測當疫情衝到高峰後，便會自然而然地隨著時間平息。**

關於1906年發生在印度的鼠疫疫情，有人進行了調查和實驗，並整理成報告書。另外還將當時記錄的每週感染者人數，與經過計算得出的曲線做比較，可得知兩者結果十分一致。由此可知，SIR模型可以適用在實際發生的現象。

所以除了自然現象外，科學也能像這樣以數字表現社會現象，運用數學或數學模型進行研究與探討。SIR模型以感染者人數表現傳染病流行的社會現象，就是其中一例。

S尚未受到　　　　I已經感染的人　　　R康復或死亡的人
感染的人

在探討疫情假設時，人口流動的情況可以暫且不計。

圖3.1.2　以SIR模型來探討新型傳染病的快速流行

 將科學見解應用在政策上

關於新冠病毒流行的疫情，為了調查傳染擴大的時間過程，世界各國也會利用包含SIR模型在內的各種傳染病模型。日本則是在2020年，西浦教授預估了基本再生數，並根據SIR模型作為基礎的計算結果，提案表示人與人之間應該減少8成的接觸機會。依照數學模型得出的預測和分析，現在也慢慢會反映在政策上。

總整理

科學不只研究自然現象，也會探討社會現象。其中，像是 SIR 模型就能預測某種預設環境下的傳染病疫情的流行情況，對於政策也有很大的貢獻。

3.2 社會

我可以參與科學研究嗎？

自己做研究的那一天

一聽到「研究員」一詞，會覺得是個遙不可及的存在。
我回憶了一下自己曾經做過的「研究」，卻只想得到學
校的自由研究作業。
有沒有除了學校作業以外，真的可以做研究的機會呢？
如果真的有，我想實際挑戰看看。

市民參與型的研究活動

在全球各地做研究的人，不是只有研究員和學生而已。就算不是從
事研究的職業，還是有人會動手進行研究。**這稱為公民科學，是讓一般
市民與科學家或研究機關共同參與的科學活動，目前在世界各國也開始
變得越來越普遍。**

其中日本民眾特別積極參與的，就是天文學和鳥類學的研究。業餘
的觀測家會觀察鳥類的生態，或者是試圖尋找新行星，為研究貢獻一份
心力。

為了把這些觀測數據即時分享給市民和科學家，在2009年便開設了
一個用於公民科學的資料庫「SciStarter」。登錄在SciStarter的專案數
量不停成長，到2019年9月為止已經有1688項研究專案。此外，從公民
科學中誕生的研究論文出版量也越來越多，在2015年就有多達1000多篇
論文出版。

科學研究已經不是研究者閉門造車的學問，一般民眾也能踏入這個
世界。本節就要介紹日本國內實際運用公民科學的案例。

合作！

研究機關　　　　　　一般民眾

參與研究的方式會依各個專案
與參加者而定。

收集資料　　　　　分析數據　　　　　提出質疑

圖3.2.1　SciStarter是一種讓民眾共同參與的科學

＼還想了解更多！／

越來越盛行的群眾募資

近年來，許多研究員將群眾募資當作與市民交流、募集研究經費的場所。群眾募資是透過網路平台，由提案者公開專案內容，向贊助者進行募款的活動。募得資金達標後，提案者會將這筆款項實際運用在該專案，贊助者則是可以收到提案者的回饋。

現在網路上已經有像是READYFOR College、academist等群眾募資平台。

成為團隊一員，探究奧妙銀河

現在我要介紹一下始自2019年，由日本國立天文台主辦的公民科學計畫，名字就叫GALAXY CRUISE。在這個計畫中，民眾可以參與探討銀河誕生與成長的研究。

銀河是眾多星星與碎屑的集合體。像我們人類居住的地球，就屬於人稱天河的銀河系裡。**在GALAXY CRUISE中，把望遠鏡拍攝到的銀河分類成螺旋星系、橢圓星系，以及除此之外的星系。**

為什麼要將銀河分門別類呢？其實這與調查銀河組成過程的研究有關。銀河並不是一個獨立個體，有時會發生碰撞，或與其他星系合併，並在這些過程中逐漸成長。不過，我們目前還不清楚這些碰撞與合併的現象，究竟對銀河組成造成了什麼影響。

為了觀察銀河的碰撞與合併，必須用到超高性能的望遠鏡。這個計畫所使用的，就是位在夏威夷毛納基山頂上的昴星團望遠鏡。昴星團望遠鏡搭載了名叫Hyper Suprime-Cam的相機，具有全球最先進的性能，可以拍攝8億7000萬畫素（約為一般相機的40倍）的快照，是活躍於科學研究的大型望遠鏡。

然而就算能拍出如此清晰的照片，還是遇到了一個問題。那就是銀河的數量實在多到數也數不清。在2016年時，甚至還預測宇宙存在著2兆個銀河。要在其中找出發生碰撞和合併，或者是形狀特殊的銀河，可說是難上加難的任務。

於是這個時候，就換參與公民科學的一般民眾大顯神威了。大家會幫忙將銀河分門別類，並從數量龐大的照片中尋找特殊的銀河。換句話說，分類銀河的步驟其實是為了從不計其數的照片中，看出碰撞與合併的現象會對銀河組成帶來什麼影響。GALAXY CRUISE的船長就是研究員，這些分類結果會經過統計解析，為銀河的研究帶來實際幫助。

公民科學除了能像這樣分析數據外，同時也可以收集資料，甚至更進一步地與研究員一起定義問題，做到各種不同深度的事情。透過公民科學，我們可以盡自己所能地為科學和未來社會做出貢獻。

把昴星團望遠鏡拍的
銀河照片……

分門別類！

昴星團望遠鏡是全球最先進的望遠鏡！

能夠接觸到這些珍貴資料，
就是公民科學的醍醐味！

圖3.2.2　在GALAXY CRUISE的計畫中，民眾能成為研究團隊的一員

 ## 公民科學與社會

　　近年在日本國內外，民眾參與科學研究的意識越來越高。科學存在
於社會中，並在社會的培養下成長茁壯。民眾在公民科學中，能以社會
的一份子直接參與科學研究。推薦大家可以試著參加看看！

總整理

　　一般民眾與科學家或研究機關一起參與科學的活動稱為公民科學。以GALAXY
CRUISE 為首，在日本國內外都有許多相關的研究計畫。

3.3 社會 為什麼會發生不當研究行為？

為什麼要明知故犯？

我看到一則不當研究的新聞，媒體和業界人士都在嚴重抨擊這位假造研究成果的研究員。

就算再也回不了研究的世界，他還是甘願犯下如此沉重的罪行。這是不是表示他有什麼不得不這麼做的原因呢？

 成果與倫理

在漫畫《鋼之鍊金術師》中，就有個因為被頻頻要求拿出研究成果，最後忍不住觸犯禁忌的研究員角色。他為了保住國家鍊金術師的身分，竟然默默在研究人體實驗……

在現代的科學界中，也有被稱為不當研究的禁忌行為。美國擷取了捏造（fabrication）、篡改（falsification）、剽竊（plagiarism）的第1個字母，將這些行為簡稱為「FFP」，日本也是擷取日文發音的第1個字簡稱為「捏改盜（捏造、改篡、盜作）」。

不當研究行為會破壞大眾對科學的信任，無論是研究員本人的資歷還是科學界，都會受到相當大的傷害。然而即便如此，社會上還是會發生不當研究行為。關於這個背景原因，就在於研究員被要求在短期內拿出成果，被迫加快研究速度的緣故。

本節就要介紹一個發生在國外的大規模不當研究行為。在這個史無前例的重大事件背後，到底有著什麼樣的狀況呢？

 眼熟的圖表

事件是在2000年左右，發生在美國著名的研究機構──貝爾實驗室

（Bell Laboratories）。貝爾實驗室曾發明出重要的電子設備「電晶體」，也培養出不少諾貝爾獎得主，在業界相當知名。其中就有位屢創優秀佳績，人稱天才的德國研究員S。

捏造
製造不實資訊。

篡改
改寫原有的資料或數值。

剽竊
將他人的意見當成自己的。

3個合稱「捏篡剽」

其實還有許多其他不當研究行為的情況。
有人甚至為了灌水資歷，會在不是自己寫的論文掛名為作者。

圖3.3.1　三種常見的不當研究行為

還想了解更多！

論文投稿的評審——審閱人

論文在正式發表前，負責確認和檢驗論文內容的人稱為審閱人。審閱人是由論文出版社指名，會以匿名方式審查論文。審查的工作，就是要檢驗論文內容，確認新穎性，並尋找其中的缺失。在挑戰無解問題的研究世界中，這是確保論文價值的重要步驟。

當時S研究員負責超導現象的研究。所謂的超導，是指物體在某個溫度下，電阻會變為零的現象。如果能在接近室溫的溫度引發超導現象，

就有機會促進通訊技術的發展，讓這個研究備受眾人期待。關於超導現象的細節，會在第5章做詳細說明。

　　2001年時，S研究員表示他以史無前例的高溫完成了超導現象，研究成果也發表在美國知名科學期刊《Science》。這項出自年輕研究員之手的驚人發現，在當時受到全球的熱烈矚目。

　　科學研究十分重視實驗的重現性，許多人也反覆驗證了S研究員的實驗，試圖重現同樣的研究成果，但最後卻沒有任何人成功。

　　在這個時候，貝爾實驗室的研究員打電話聯絡了某位助教表示：「請仔細看看S研究員的兩篇論文。」助教重新審視論文後，發現兩篇論文竟然在不同地方使用了相同數據。**隨後經過調查委員會的查驗，驚覺有16篇論文的數據都是憑空捏造，實驗室同時也開除了這位S研究員。**

　　為什麼會發生這樣的事呢？其實是S研究員沒有在實驗中記錄詳細過程，實驗的真實數據和樣本也全被銷毀，再加上「為了打腫臉充胖子」，他才會把數據剪下貼上。這些就是S研究員犯下的失序行為。

　　如果以宏觀的角度來看，採訪這起事件的NHK節目導播村松秀推測其中的背景，可能就是激烈的成果主義造成不當研究行為。當時貝爾實驗室的經營狀況不善，迫切需要一位宛如巨星的研究員。而期刊雜誌只要刊登S研究員的論文，就能獲得實績，因此讓雜誌社忙著與其他出版社競爭，沒有仔細確認論文內容。

　　如果實驗室沒有為了經營考量急就章，有仔細檢查實驗結果，出版社也有充足時間做確認的話，說不定就會有不同結局了。**要是當時沒有趕著獲得成果，可能就不會發生這起事件了。**

　　除了研究者本身的作為之外，相關團體與社會整體的問題或許也與不當研究行為息息相關。

忙碌的現代研究員

　　為了開發研究經費來源，現代的研究員要忙著跑業務或寫文件，必須處理許多與研究無關的工作。再加上薪水待遇經常不穩定，還得在

短期內拿出成績。想要得到研究成果並非壞事，可是一旦過了頭，就會難以遵守研究倫理。科學研究不是只要做好計畫，就能按部就班地依照預定完成，途中需要不停收集各種數據，反覆經歷各種失敗。為了研究員，同時也為了科學界，以及受惠於科學的社會，我們必須打造一個不用強逼研究員拿出成果的環境。

圖3.3.2　觀察S研究員的工作環境

 總整理

　　關於包含捏造在內的不當研究行為，除了研究員本身缺乏專業意識之外，也與激烈的成果主義息息相關。我們需要有更完善的制度，才能盡量避免這些不當行為。

教科書是如何完成的？

社會 3.4

我們為什麼要學這些東西呢？

在學校的時候，每個科目都會分發教科書給學生。當時在讀書的時候，自己只覺得教科書就是寫滿題目和答案的書。不過現在仔細想想，教科書一定也是人做出來的。教科書的內容不是絕對，在研究的世界中一定也還有其他新發現。

教科書的內容都是依照什麼基準來訂定呢？

社會知識的基礎

從小學到高中，一定有很多讀者都受過教科書的關照。日本大部分的學校，都是免費提供教科書讓學生在課堂上使用。

自古以來，在朝廷和寺子屋₄都有使用教科書。在1872年，日本政府頒布了「學制令」，確立學校制度，讓全民都可以接受初等教育。當時可以自由發行教科書，老師也可以任意選擇教科書種類。

到了1880年，小學使用的教科書必須獲得文部省₅的許可才可以發行；在1886年時，實施了名為「學校令」的法律，建立審查制度，文部省會檢查教科書內容是否合宜。

現代的教科書也是一樣，會依照審查制度來訂定內容。本節就要介紹教科書是如何製作並送到學子的手上。同時也要思考教科書與社會、科學之間的關係。

---

4 在日本江戶時代，讓平民百姓接受教育的民間私塾。
5 相當於台灣的教育部，現已合併為文部科學省。

教科書的製作方式

在學校教育中，教科書是不可或缺的存在。**教科書內容的訂定標準，就是「學習指導要領」。**

教科書的製作過程

學習指導要領　　撰寫、編輯　　審查　　出版

教科書也是人做出來的啊。

沒錯！教科書濃縮了許多想傳承給後世的知識。

圖3.4.1　其實教科書也是人做出來的

\還想了解更多！/

Column

為什麼教科書是免費提供？

在日本進行義務教育的國立、公立、私立學校，都會免費提供教科書給學生。這是依據1962年提出的「教科書無償供應制度」。法律規定教科書是學習時的重要工具，也有使用教科書的義務。除了日本之外，這也是全球20個國家都有實施的制度。但由於日本國家財政狀況日漸嚴峻，大眾對於這項制度也抱持著各種意見。

學習指導要領是規劃學校教育課程的指導基準，文部科學省每10年會做一次調整。其中針對幼稚園到高中的各個學科和活動，提供了授課內容和指導要點，許多老師都是參考學習指導要領來編訂課程。

那麼在學習指導要領中，會著重什麼樣的學習內容呢？學習指導要領會依據當時的社會現況，每10年調整內容一次。**換句話說，教科書注重的一大要點，就是讓學子學習「進入社會」的知識。**

民間出版社和文部科學省會根據學習指導要領，負責開發教科書，製作和編輯教科書的內容。關於作者陣容，則會請教職人員或大學教授加入。像是國語、數學、理科等等，這種多數人都會學習的教科書，通常是民間出版社負責；高中的農業、工業、水產，還有特殊教育學校的專用教科書，這些印刷數量相對較少的則是文部科學省負責。

這些個別製作完成的教科書，必須接受文部科學省的審查。配合審查改善內容，通過審查的教科書才能出版印刷，送到各級學校使用。教科書從開始動手製作，一直到送達學生手上為止，大約需要為期4年的時間。

考量教科書與社會的關係後，便能了解2020年的學習指導要領特別重視可以學以致用，為生活帶來幫助的知識和技能。這是事先設想學子會出社會工作，在未來從事各種活動，因此希望大家透過教科書學習到社會的必備知識。

不過，學習指導要領和教科書無法涵蓋人類的所有知識。至今有過的研究開發並非只有教科書提及的部分而已，實際數量其實比想像中的還要更多。教科書上的只是知識基礎，有了這些基礎之後，人們會繼續鑽研教科書上沒有的問題，那些成果又會再度反映到教科書上。**教科書就是濃縮了迄今為止人類知識史上的精華，接著再把這些內容傳承給後世。**

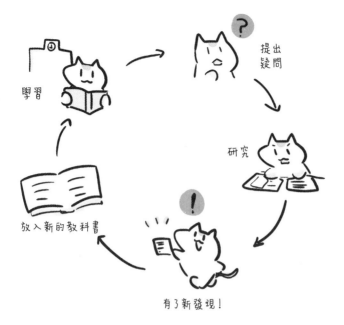

圖3.4.2　曾經讀過教科書的人，會讓教科書再度翻新

 ## 生活與學習

　　透過學習，能讓人感到文化上的富足感。在新冠病毒的疫情下，使我們深刻了解到過去以來，音樂與藝術為生活帶來多麼豐富的滋潤。此外，由於人們待在家裡的時間變長，閱讀人口也逐漸增加了。想必那些以前學過的歷史和技術，或是語言和科學知識，都能成為人們樂於學習興趣的基礎，讓今後的人生更加充實。

　　各出版社以學習指導要領為基準，經過撰寫、編輯之後，才會將通過審查的教科書免費送到學子手上。閱讀教科書不只可以學到未來出社會工作的知識，還能奠定豐富人生的基礎。

誰是科學的支柱？

會是家人嗎？

在看研究成果發表的記者會時，研究員表示：「這份成果不只屬於我，也屬於一路支持我的每個人。」
他指的是研究室成員和家人嗎？不對，安排記者會的公關人員或許也是其中之一。說不定還有其他更多的人！

只要研究就能發現科學嗎？

目前日本主要在做科學研究的人，大多屬於大學或研究機關的研究員和學生。大家分別在不同領域上解析尚未找到解答的疑問，不斷反覆計算，持續進行實驗和調查。

這些研究活動，無法光靠研究員和學生來完成。像是還需要擁有實驗必備技術的研究助理、負責尋找經費來源並處理各種瑣事的URA、將研究成果發布給媒體和社會大眾了解的公關人員、利用插圖傳達研究成果的科學繪圖員、在期刊刊載論文並出版的出版社等等，參與研究活動的人們橫跨了眾多職種與領域。

研究是個追求真理，創造新知的世界。本節就要來介紹成為研究支柱的5個職種。

缺一不可

首先從研究助理來談起。**研究助理是在實驗中實踐研究員的想法，在研究室負責管理和營運的人員。**一般是大規模的實驗研究室會需要這樣的人才。

URA

研究員

研究助理

公關人員

出版社

科學繪圖員

圖3.5.1　有許多人都是研究員的支柱

\還想了解更多！/

大學圖書館是一座寶山！

筆者在做研究時，常常需要仰賴大學圖書館。這裡有眾多辭典和實用的參考書，也有為該研究領域帶來深刻影響的名著，是一座豐富的寶山。每次在搜尋館藏時，一發現有自己想要找的書，心裡便會充滿喜悅和安心感！尤其專業書籍因為需求有限，大部分的書店都不會進貨上架，要買齊這些書也要花上一大筆錢。因此大學圖書館，也算是研究活動的支柱之一。

　　另外也有稱為技師、實驗助手等等的人員，他們具備實驗所需的重要技術。作業內容會依研究室的領域種類而異，若是關於生命科學的研究，有時還需要飼養實驗鼠或培養細胞，處理、製作實驗樣本等工作。

研究助理的技術攸關實驗結果，是一項專業的技能。現在甚至還發展出透過機器學習技術，讓機器人繼承相關技能的研究。關於這個部分，在第5章還會進行解說。

接下來要介紹的URA，是University Research Administrator的簡寫。Administrator就是管理者的意思。**URA與各個機關單位合作，負責分析政策和研究經費資源現況，管理著整個研究活動。**

雖然URA有時候也要處理公關工作，不過專門擔綱這份職務的大都是總部或分部的公關人員，負責向媒體發布研究成果，準備發表會或記者會的相關事宜，以及管理網站等等。**公關人員就是研究機關連結一般民眾與媒體的窗口。**

另外在近年，為公關活動帶來一大助力的就是科學繪圖員了。**科學繪圖員會把研究內容製作成淺顯易懂的圖像或插畫，有效對外宣傳科學研究。**其中有人是任職於製作公司，有人是獨立接案，也有人是專門製作校內貼文，有各式各樣不同類型。

除此之外，還有將研究成果出版成論文的論文期刊出版社了。像是國外知名的《Elsevier》、《Springer Nature》、《Wiley》等等。收到研究員的論文後，出版社會依據期刊規範進行審查並出版。在學術界甚至還有一句話叫Publish or Perish（不出版即出局），比喻出版論文對研究員而言是多麼重要的成績。

整體來看，就是由URA負責管理研究活動，研究助理實行研究員的想法，研究結果由科學繪圖員繪製成圖像或插圖，出版社會安排與論文一起刊登在期刊上，公關人員則會向大眾媒體發布論文成果。由此可知，有各種職種和業界的人圍繞在研究員身邊，共同攜手完成研究成果。

支持著研究活動的工作其實不只上述幾項而已。例如還有研究員的秘書、文部科學省的負責人、專門跑科學領域的記者、為大眾介紹科學的科學傳播員、博物館學藝員等人的存在。

研究並非是與社會各自獨立存在，而是身處在一個宛如科學界生態系的環境中，受到各式各樣的業界支持才能成立。

一般人都覺得學者給人一種遠離世俗的印象……

需要各式各樣的人幫忙，才能獲得研究成果。

最近也逐漸開始有企業與研究機關合作。

圖3.5.2　其實研究員也是一種職業

 ## 科學無法獨立存在

　　一般常說科學與社會息息相關，不過實際上究竟有什麼具體關連呢？除了著眼在身邊的工業製品或醫療技術，我們也可以勇於踏出舒適圈，靠近一點觀察研究員。便能發現在經濟生態系中，科學世界與社會有著緊密連結。研究需要經費，只要有人願意提供金援，研究就能稱得上是經濟活動的一環。

 總整理

　　科學是一種經濟活動，而且無法僅憑研究員的力量達成。需要有研究助理、URA、公關人員、科學繪圖員、出版社等職業和業界的協助，才有辦法完成科學研究。

無法用科學解釋的問題？

最後做決定的還是人

我看了一本名叫《美麗的距離》的小說，是在講述先生照顧罹癌太太的過程。隨著醫學的發達，現在出現了「維生治療」的醫療選項，會交由患者或家屬來決定是否選擇這種治療方式，是一個無法單憑醫學做判斷的問題。

科學並非萬能

隨著醫學和科學技術的發達，現在出現了一種名叫「維生治療」的醫療選項，會透過科學技術來維持患者的生命機能。然而，醫學和科學卻無法做出是否該選擇這種療法的決定。因為醫學和科學還是有極限的。**像這種「能透過科學來探討，卻無法透過科學來回答」的問題，就稱為「超科學問題」。**

超科學問題是1970年代提出的思考架構。在過去，追求真理的科學都是交給科學家負責，被認為與政治之類的社會活動，還有人們的生活處於不同領域。但現代的科學技術不但發達，也廣泛地深入社會，讓科學與社會有了緊密關係。

超科學問題又是什麼樣的東西呢？本節就要來介紹當時的具體案例。

人與科學的問題

提出超科學問題一詞的人，是美國核子工程專家的阿爾文．溫伯格（Alvin Martin Weinberg）。

阿爾文·溫伯格
(1915～2006)

美國物理學家。
出生於伊利諾州的芝加哥市。
專業領域為核子工程、核物理。

在芝加哥大學在學期間，
曾參與研究製作全球首座
核能反應爐。

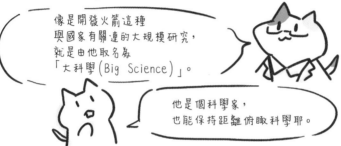

像是開發火箭這種
與國家有關連的大規模研究，
就是由他取名為
「大科學（Big Science）」。

他是個科學家，
也能保持距離俯瞰科學耶。

圖3.6.1　阿爾文·溫伯格是這樣的一個人

\還想了解更多!/

column

溝通的困難

針對超科學問題，我們就來想像一下科學家與一般人之間的對話吧。典型的科學家只一心追求真相，就算發現不利於人類的風險或不確定性，科學家也深信符合道理的事實。只是在現實中，可能很少有人會毫無疑問地接受這種思維。大多數的一般人，通常都希望盡量迴避負面的事情。如果想要保護自己的生命安全，這也是理所當然的行為。

要讓想法迥異的兩派人馬好好溝通並不簡單，但如果能夠達成這件事，對雙方來說都會是很大的進步。

1972年時，在刊登於學術綜合期刊《Minerva》的論文「Science and Trans-Science」中，溫伯格就提出了「超科學問題」一詞。裡面的「超」是「超越」之意，**「超科學問題」也就是「超越科學領域的問題」**。

作為超科學問題的範例，溫伯格提出了核能發電廠的安全裝置問題。為了預防意外，核能發電廠都會準備安全裝置。現在就來想想看所有安全裝置同時發生故障的可能性吧。如果真的發生這種事，可是攸關人命和生活的重大意外。

所有專家都一致認為，安全裝置同時發生故障的機率微乎其微。實際經過計算，1台反應爐1年約有$1/10^7$（$1/10000000$）的故障機率。但究竟是不是真的會發生這種情況呢？專家們對於這個問題也是意見分歧。

$1/10^7$的機率，也就是1000台反應爐在運作的1萬年內，出現1次全部同時故障的可能性。雖然發生的機率趨近於零，但若是遇到意料之外的原因，還是有機會出現同時故障的情況。討論到了最後，就算我們有辦法提出裝置故障的可能性，卻還是找不到能讓專家們一致贊同的答案。換句話說，這個問題得不到具有科學根據的答案。這就是所謂的超科學問題。

然而，即使在科學上無法做出明確答案，在政治或是人生中，卻還是要拿出一個解答才行。如果由外行人來處理含有這種不確定因素的問題，有人可能會把$1/10^7$的機率視為相當嚴重的數據，把事實說得比實際還要誇張。

可是這也不是只要讓專家想辦法就行了。像是核能廠附近的居民，還有與核能廠運作有深刻關連的政治家，這些人都是這個問題的當事人。如果僅憑專家的判斷就能左右一切，之後就得要絞盡腦汁與當事人溝通了吧。**超科學問題的困難之處，就是有時候必須得讓非專業人士的人參與思考，找出連專家也無法直接判斷的答案。**

根據各國的現況，其實也不是每個地方都會讓一般民眾與專業人士交流。美國的核能廠會尊重一般民眾的意見，準備層層關卡的安全裝

置；然而在以前的舊蘇聯，國家甚至不允許民眾了解核能廠的技術，人民也沒有發表意見的權利，導致核能廠有段時期使用的安全裝置，無法預防重大意外。

圖3.6.2　超科學問題存在於科學與社會之間

　　現代日本會遇到的超科學問題，大多都需要先判斷其中的價值，通常無法僅憑科學來回答。例如在新冠病毒的肆虐下，PCR檢查究竟該做到哪個程度，該讓經濟衝擊止步在哪裡等等。要採用專家的見解，同時又希望保障生活和生命安全的話，得視一般民眾與科學之間的關係來採取對策。

 ## 該如何與科學相處？

　　科學技術已經深刻且廣泛地滲透進現代生活，所以當科學技術進步，同時也會改變你我的生活。這些變化為日常生活和生活態度帶來影

響時，你又會如何參與其中呢？針對超科學問題，近年來出現許多交流型的講座活動，讓一般人也有機會與專業人士互相對話。在這些過程中，有些國家政策就會實際參考參加者的意見。如果你有興趣的話，不妨也可以參加看看這一類的活動。

總整理

能透過科學來探討，卻無法透過科學來回答的問題就稱為超科學問題。像最近發生的新冠病毒疫情也是其中之一。除了傾聽專家的意見之外，考量社會整體利益也是尋找答案的重要關鍵。

還想了解更多！

column

科學技術是不是別進步比較好？

科學技術日新月異，包含手機和這本書在內，現代生活已經少不了科學技術的存在了。

然而有的時候，我們會聽到有人對於不斷進步的科學技術抱持疑問。繼續研究下去究竟有何意義？懂得適可而止，安穩過日子比較重要。或許就是因為科學技術發展得太快，不停變化的生活方式令人難以應變，各式各樣的選擇讓人不堪負荷，最後才會冒出那些困惑吧。

既然有人樂於便利的生活，當然也會有人疲於適應變化。思考如何緩和改變，怎麼做才能實現多數人盼望的生活，或許也是科學技術的重要任務之一。

第 4 章

健康與科學

這裡要特別注意的是
醫療與大腦的運作。

真好奇
健康的部分哦。

不是只要檢查
身體就好嗎？
其他還有什麼啊？

疫苗是什麼樣的東西？

健康
4.1

奮戰的人類

自從新冠病毒疫情開始以來，世界各地都在策畫各種對抗新冠病毒的策略。經過一番研究後，現在則是出現了病毒疫苗。雖然我們已經很習慣流感疫苗，還有小時候會接受的疫苗接種，但是現在一看到新冠病毒疫苗的出現，就開始讓人好奇起疫苗究竟是什麼？
疫苗本身是何時發明的呢？

 ## 傳染病防治

新冠病毒從2019年開始流行，在我撰寫本書時的2021年也依然威力不減，深刻影響到許多人的生活。目前沒有任何特效藥，所以預防感染的疫苗對策受到了廣大的關注。

在新冠病毒流行以前，疫苗就已經是對抗流感和其他傳染病的一種方式，民眾接受疫苗接種早已行之有年。不過說實在話，疫苗到底是什麼樣的東西呢？

本節就要介紹刊載在全球首篇疫苗相關論文中，有關天花疫苗的研發過程，以及疫苗機制與推廣接種的細節。

利用人體構造所形成的防護罩

所謂的疫苗，就是將弱化的病毒或細菌注射進體內，藉此獲得免疫力的方式。早在「疫苗」一詞出現之前，在中國和中亞地區就已經在使用這種療法了。

人類史上首篇有關疫苗的論文是在1798年公開發表。論文作者是英國的醫師兼博物學家的愛德華・詹納（Edward Jenner）。

會對進入體內的異物，或是長久堆積的無用物質產生反應並驅逐，是保護身體不受疾病侵襲的系統。

免疫

先天免疫　每天在體內巡邏，驅逐侵入體內的異物！

後天免疫　記得曾經侵入體內的異物，下次再出現時便會迅速做出反應！

其實「免疫力」一詞並沒有醫學根據哦。

真的嗎？我都不知道……

圖4.1.1　免疫系統會用兩種方式來驅逐病毒或細菌等體內異物

\還想了解更多！/

日本的傳染病研究者　北里柴三郎

過去以來，人類不時會受傳染病所苦，例如「破傷風」就是其中一種。這是細菌會從傷口侵入身體，造成全身肌肉僵硬或痙攣的疾病。由於當時的衛生環境也比較惡劣，有許多人都因為破傷風殞命。

奠定破傷風療法的人物就是北里柴三郎，他成功分離並培養出破傷風的病菌。此外，他注意到破傷風菌明明是經由傷口入侵，卻會引發全身痙攣的症狀後，便發現破傷風菌竟會產生毒素。於是北里開始慢慢把病菌植入動物體內，再將對毒素產生抗體的動物血清注射到其他動物上。這麼做了之後，便發現接受注射後的動物也不會染上破傷風。

1980年當時，WHO估計約有787,000名新生兒死於破傷風。因為有了這個療法，並推廣衛生環境的教育後，2010年死於破傷風的新生兒估計數量就降至58,000人了。

詹納關注的是名為天花的傳染病。自古以來，天花就不斷反覆爆發流行，造成許多犧牲。為了預防天花，中亞地區曾注射乾燥過的天花病毒。但是天花的傳染力太強勁，染病後的致死率也相當高，所以注射天花病毒是個風險很大的防治法。

詹納聽一位擠牛奶的人說：「只要染上牛痘就不會得到天花。」牛痘就像是一種弱型天花的疾病，就算人真的感染上，也幾乎不會因此喪命。**所以詹納便心想：「如果改用牛痘，或許就比接種天花病毒還要安全。」**

於是詹納從牛痘患者的水泡中分離出液體，接種到年僅8歲的少年身上。這名少年在接種水泡液體後，即使再接種天花病毒也不會染上天花，可見預防接種成功了。詹納把這個結果整理成論文，並正式對外發表。這個預防天花的療法，便從意指母牛的vacca取名為vaccines（疫苗）。在論文發表當時，也曾有人不相信人類的傳染病，竟能靠動物的傳染病來預防。但經過詹納的持續實驗與觀察，就順利證實了疫苗的效用。

疫苗在世界各地廣為流傳，在1801年的英國就有多達10萬人接種了牛痘疫苗。之後日本也在江戶時代引進，於1909年訂定種痘法，讓接種疫苗的認知廣傳至民間。可是即便如此，具有驚人傳染力的天花依舊沒有滅絕。為了徹底消滅天花，各地從1958年展開了一項全球性運動。也就是找出全世界的天花患者，並讓患者周邊的人接種疫苗，發動地毯式封鎖的作戰計畫。這個方法奏效後，世界衛生組織（WHO）終於在1980年時宣布天花正式滅絕。

在這之後，疫苗被應用在各式各樣的傳染病防治上。例如在19世紀，巴斯德（Louis Pasteur）就研發出狂犬病疫苗，許多傳染病也成功開發出了疫苗。接著到了現在，全球各國持續在研發新冠病毒的疫苗。

 ## 日本與疫苗

日本在第二次世界大戰時，因為有許多民眾因傳染病喪命，便開始重視起傳染病防治的議題。日本在1948年制定預防接種法，全民有接種

各種疫苗的義務。但現在考量到不良反應的影響，疫苗接種已變成非強制的努力義務。關於2021年7月時的新冠病毒疫苗接種狀況，在日本有想要接種的人，同時也有不想接種的人。回顧過去滅絕天花的歷史，當時或許也曾經歷這樣的過程。

免疫細胞會對病毒的棘蛋白產生反應

感染的細胞

DNA　　mRNA　　棘蛋白

棘蛋白就是產生自mRNA。
所謂的mRNA，
是複製了部分DNA的物質。

免疫細胞

那就乾脆把棘蛋白來源的mRNA注射進體內，讓mRNA在身體裡製造棘蛋白吧！

不是直接注射病毒到體內，而是只接種免疫所需的物質。

圖4.1.2　同樣使用於新冠病毒疫苗的mRNA疫苗。

總整理

18世紀時，詹納為了治療天花研發出全球首支疫苗。雖然在歷史上，疫苗曾經歷一段不為人接受的時期，但同時也保護了許多人不受傳染病侵襲，並徹底滅絕了天花。

新冠病毒疫苗出現不良反應的機率有多大？

該打還是不打？

新冠病毒疫苗已經問世，現在也陸續正式開放接種。不過在社群網站上，也有人說接種疫苗很危險。實際的真相到底是什麼呢？

比較不良反應和獲得抗體的情況後，究竟該如何選擇才好呢？

 接種疫苗是很重要的事

如同4.1所介紹的，接種疫苗就是在人體內製造病毒或細菌的抗體，是在病毒或細菌來襲之前，提早做好準備的有效手段。像是以天花為首，還有狂犬病、破傷風、流感等等，各式各樣的傳染病都已經研發出疫苗，並被廣泛使用。

但其實就和其他療法和藥物會有副作用一樣，疫苗也會產生不良反應。具體來說，就是當人在接種完疫苗後，會出現輕微發燒、接種部位紅腫的情況。

在我撰寫本書時的2021年7月當下，現在包含醫院在內的企業和地方政府都開始致力推行新冠病毒疫苗。疫苗基本上是一個有效的治療方式，但是新冠病毒疫苗會出現什麼樣的不良反應呢？發生機率又是多少呢？為了幫助大家做出是否接種的判斷，本節就要來介紹新冠病毒疫苗的不良反應。

 知己知彼，百戰不殆

在2021年7月，包含日本在內的國內外的企業和研究機構都在研發或生產新冠病毒疫苗。

活性減毒疫苗

減低毒性的病毒

非活性疫苗

不會傳染和
繁殖的病毒

重組蛋白疫苗

病毒的抗原
（代表異物的標記）

mRNA疫苗

讓人體製造棘蛋白
的材料

DNA疫苗

含有製造抗原資訊
的DNA

病毒載體疫苗

傳遞製造抗原資
訊的病毒

疫苗竟然有這麼多種！
原來還用了各種方法來製造啊。

圖4.2.1　各式各樣的新冠病毒疫苗

＼還想了解更多！／

副作用與不良反應

還有一個和不良反應差不多，名叫「副作用」的名詞。這2種到底有何不同呢？副作用是指在使用治療疾病或傷口的藥物時，出現與使用目的不同的藥物作用，例如吃了止痛藥會血壓升高的現象；不良反應則是在接種疫苗時，出現與接種目的不同的反應，例如接種部位紅腫或發燒等現象。

不管是副作用還是不良反應，指的都是產生有別於期望效果的影響。疫苗期望得到的效果，就是在注射弱化的細菌或病毒，抑或是讓抗體進入人體後，能夠讓體內成功產生免疫反應。因此若是疫苗的話，則會特別稱為「不良反應」。

新冠病毒疫苗也分成了許多類型，各家企業或研究機關研發的疫苗種類都有所不同。即便如此，其實疫苗的不良反應都是大同小異。

在2021年5月時，獲得日本認可的新冠病毒疫苗總共有3種，分別是AZ、莫德納和輝瑞。輝瑞和莫德納是mRNA疫苗，AZ則是腺病毒載體疫苗。

根據觀察，接種之後可能會出現幾天頭痛、疲倦和肌肉痛等不良反應。在接種流感疫苗時也會遇到這些狀況，是免疫細胞活化後產生的現象。雖然偶爾會發生過敏性休克（Anaphylactic shock），但這時候可以施打腎上腺素緩解症狀。

上述這些不良反應的發生機率會是多少呢？美國的諮詢委員會就調查了輝瑞新冠病毒疫苗的不良反應狀況。經過調查後，可得知在2021年2月時，**完成第一劑接種的99萬7000人中，有67.7％的人覺得接種部位疼痛，28.6％的人感到疲勞，25.6％的人會頭痛**。看來就算遇到不良反應，也不需要驚訝的樣子。另外同樣在美國諮詢委員會的調查中，可得知在100萬人中，約有5人發生過敏性休克。

拿秋冬時期常見的流感疫苗和新冠病毒疫苗比較一下吧。就跟新冠病毒疫苗一樣，有人在接種流感疫苗後也會出現頭痛或疲倦的反應。厚生勞動省表示在接種流感疫苗的人之中，有10～20％的人會發生這個情形。另外大約每100萬人中，會有1人出現類似過敏性休克的症狀。**以實際數據來看，流感疫苗的不良反應機率似乎比目前的新冠病毒疫苗還低，但看起來並沒有太大差別。**

 ## 機率的世界

醫學上常常出現有關「機率」的數字。像是有多少％的不良反應機率，症狀有多少％的機率會出現某些變化等等，在說明病情或風險時經常會讓機率登場。但是不管機率多低，只要一想到萬一發生在自己身上，一般人當然都會感到不安。

對於新冠病毒疫苗的擔憂

會有什麼不良反應？

發燒、接種部
位疼痛等現象。

很花錢嗎？

在日本國內為
免費接種。

社群網站上的評價如何？

要懂得注意過
於極端的資訊。

會覺得擔心是當然的。
這就是大家在為自己著想的證明。

希望各位別過於信賴網路言論或謠言，
要懂得確認公家機關和專業人士的資訊。

圖4.2.2　接種疫苗前的各種疑慮

　　人體中有各種物質會產生複雜的交互作用，無法像機器那樣可以精準預測，也會有因人而異的差別。因此在醫學上無法斬釘截鐵地保證「絕對會是這樣」，只能以「差不多有多少機率會這樣」的說法來解釋。因為人體過於複雜且多樣化，才會形成這樣的說明方式。

總整理

　　新冠病毒疫苗雖然會有不良反應，但它的效用也獲得了證實。
因為人體過於複雜且多樣化，運用機率會比較方便做說明。

什麼是血液淨化？

好想變得和那個人一樣漂亮

只要有名人推薦，我就會忍不住想要親身試試看。而且不限任何領域，我都很有興趣。我聽說附近醫院有提供血液淨化，還有名人站台推薦。但這真的有效嗎？

社群網站的傳播力

血液淨化在2019年的時候引起了熱烈討論。血液顏色在眼前逐漸改變的模樣，據說擁有讓人抗老回春和恢復疲勞的效果，看起來相當吸睛，再加上名人會在社群網站推薦介紹，因而廣為大眾所知。知名度大增的結果，就是讓原本因為擔心風險和效用而在觀望的人，也因此收集到具有科學根據的資訊，讓血液淨化在網路上受到了嚴重的批判。

本節就要來解說血液淨化的概要，以及血液顏色會變化的原因。另外還要分別以科學和生活的角度，來思考在不同視角下的血液淨化和健康療法。

打造吸睛效果的化學變化

血液淨化是將血液抽取至體外，經過臭氧過濾後再輸回體內的行為。因為是將自己的血液又輸回自己的身體內，所以也稱為大量自體血液臭氧療法或血液臭氧療法。

在血液淨化掀起風潮的2019年，血液顏色變化的模樣掀起熱烈話題。這個現象究竟是如何產生的呢？

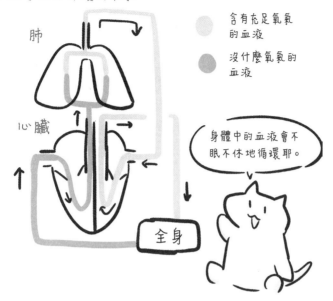

血液會從肺部獲得氧氣

肺

心臟

全身

含有充足氧氣
的血液

沒什麼氧氣的
血液

身體中的血液會不
眠不休地循環耶。

圖4.3.1　血液會從肺部獲得氧氣，並運送氧氣到全身各處。

＼還想了解更多！／

什麼是輔助替代醫療？

我們在醫院接受到的治療，幾乎都有獲得科學驗證。以科學角度來說是合宜
的醫療行為，同時也具有科學根據。若是沒有經過科學驗證的療法則稱為
輔助替代醫療，例如冥想、瑜珈和按摩等等。雖然看起來對人體無害，但如
果遇上了攸關性命的疾病，這些療法有時候也可能會傷到身體，一定要特別
小心。

明明可以接受一般療法，卻改用輔助替代醫療來治療，甚至對身體造成不良
影響的時候，大家一定要記得與主治醫生商量。

　　人的血液含有名叫血紅素的色素蛋白質。血紅素裡面有鐵，當鐵
碰到氧氣時，血液就會變紅；如果沒有碰到氧氣，顏色看起來就會是黑

的。平常我們想像中的紅色血液，其實就是結合了氧氣的血紅素顏色。血紅素與氧氣時而共處，時而分開，在人體內擔任了負責運送氧氣的職務。

血液淨化取出的血液稱為靜脈血，是在體內運送完氧氣的血液。因為鐵沒有與氧氣結合在一起，所以靜脈血會是稍微偏黑的顏色。血液淨化就是利用名叫臭氧的物質，來過濾這種顏色偏黑的血液。

那麼臭氧又是什麼？臭氧就是由三個氧原子組成的物質。雖然和氧氣一樣都是氧原子所組成，但是濃度一旦過高就會產生毒性。因此，一般在醫療機關都是使用稀釋過的臭氧。再加上臭氧的結構十分不穩定，會隨著時間自行分解，變化成氧氣。

那如果用這種稀釋過的臭氧，過濾從人體抽取出的靜脈血之後，又會出現什麼結果呢？**在稀釋過的臭氧中，也含有自行分解出來的氧氣。將顏色偏黑的靜脈血放入其中後，血紅素的鐵就會與臭氧的氧氣相互結合。於是血紅素就會開始變紅，最後讓血液也會呈現紅色。**這就是血液變色的來龍去脈。

人體內隨時都在發生這種顏色變化。靜脈血進入心臟，從肺部獲得氧氣後，鐵就會因為氧氣讓血紅素變紅。若只是變色的部分，其實和我們身體內部的變化是相同現象。關於血液淨化的治療效果，實際上並沒有任何科學根據。

2019年當時就如同本節介紹的一樣，血液變色的宣傳受到嚴重批判，專業人士也站出來提醒民眾要注意。到了2021年3月，雖然還是有診所會向民眾推薦血液淨化的療程，不過目前為止這依然沒有任何醫療效果。

🐱 生活觀點與科學視角

在日常生活中，我們都希望自己有個健康的身體，保持美麗的外表。從這樣的生活觀點來看，那種受到名人介紹，又能親眼看到血液顏色變鮮豔的手法的確讓人心動。由於血液是循環在身體裡的重要元素，抽出血液清潔乾淨的話術不但淺顯易懂，也十分具有說服力。

圖4.3.2　臭氧由三個氧原子所組成，是結構極不穩定的氣體

　　但如果以科學的視角來觀察實際過程，其實就能注意到臭氧的風險及血液變色的由來。

　　生活觀點是與人溝通交流，經營日常生活的重要力量。若能再多加上一些科學視角，或許就能讓你做出更加冷靜的判斷。

總整理

　　血液淨化是將血液抽出體外，經由臭氧過濾後再輸回體內的行為。在這段過程中雖然會看到血液顏色改變，但其實我們的身體每天都有相同變化。只要擁有科學視角，或許就能讓人做出保障健康的正確判斷。

學名藥為什麼便宜？

藥品也分成許多種類

我在電視上有看到學名藥的廣告。藥效似乎與過去研發的原廠藥相同，卻能以便宜價格買到的樣子。
為什麼明明效果一樣，價格卻比較便宜呢？

藥效相同，價格卻比較便宜

我們去醫院看病時，醫生有時候會問：「要不要改用學名藥？」

所謂的學名藥，是指與藥廠過去研發的原廠藥有同樣效果，卻能以便宜價格購買的藥。從微觀上來看，這個方法可以減輕每個人的負擔；從宏觀上來看，這個方式也有望減少國家的整體醫療費，目前正試圖往普及化發展。

不過，為什麼我們能以便宜價格買到效果相同的藥呢？既然藥效一樣，應該也要具有對等的價格才對。其實這與藥廠研發新藥的過程，以及原廠藥的專利有關。本節就要介紹什麼是學名藥，又為什麼價格會比較便宜。

重點就在研究開發背景

學名藥的英文為「Generic Drug」，意指「一般」、「沒有登錄商標」的意思。顧名思義，**學名藥就是以專利過期的原廠藥進行研發，並具有同樣效果的藥品。**

研究、開發

尋找能製造藥品的成分，
透過實驗合成藥品。據說
新藥研發成功率只有1萬分之1。

試藥

確保藥品的效用和安全性。
確認完藥品對細胞等部分的
影響後，就會對參與試藥的
受試者進行測試。

審查

經由醫藥品醫療機器綜合
機構等機關做安全審查。

實際運用

藥品上市發售，由醫療相關
人士或藥局送至患者手中。

開發一種藥需要花費二百～三百億日圓，耗時九年～十六年……！

圖4.4.1　新藥問世以前需要經歷漫長過程

＼還想了解更多！／

column

企業的新藥研究員

一般說到研究員，通常都會想到大學或實驗室之類的研究機關。但是實際
上，在企業裡面也有研究員的存在。如果是製藥公司，公司內就會有新藥研
究員，會經過反覆實驗來尋找新藥，或是研究已上市藥品的其他製造方法。
希望以研究為職的人，大多會在就職階段進入大學或研究中心做研究，不然
就是成為企業內部的研究員，每個人的選擇會因人而異。
研究員的就職地點其實也比想像中的多元呢。

研發新藥需要一段長久的時間。需要花上2～3年進行研究開發，再花3～5年測試藥效和作用。接著才是實際試用在患者或志願者身上，並針對安全性等部分進行確認，這段過程又會花上3～7年。在這之後，會經由醫藥品醫療機器綜合機構等機關用大約1年時間做審查。短則9年，長則16年……這段過程對於研發新藥的公司和研究員來說，都是相當大的負擔。

接下來，製藥公司會提出新藥專利的申請。所謂的專利，就是國家賦予發明者可以暫時獨佔並使用該發明的權利。製藥公司取得專利後，便能獨家販售新藥約5～10年的時間。

當專利的有效期限一過，沒有專利的製藥公司也可以開始製造同樣的藥。**這時候以專利過期的原廠藥研發出來的就是學名藥。由於藥品的安全性已通過檢測，也建立好了製造方式，只需要2～3年左右便能研發完成。**這就是為什麼成本會比研發新藥還低廉的原因。所以比起較早研發上市且成分相同的原廠藥，學名藥的價格會顯得便宜許多。

>> 學名藥與較早研發的原廠藥有何不同？

那麼學名藥與較早研發的原廠藥到底差在哪裡呢？兩者的差別，就在於方便入口的程度以及誤食的難度。有些學名藥會保持原廠藥的成分，再針對藥品改良成更好入口的造型。

現在學名藥在日本的使用率逐年增加。關於這個使用率的數據，就是參考在醫院所開出的原廠藥與學名藥處方箋數量中，學名藥占有的比例數量。在2020年9月時的比例約為79％。看來學名藥還有空間繼續推廣普及化。

 ## 隨時代趨勢而變

目前日本正往超高齡社會發展，可預期未來國家的整體醫療費勢必會增加。使用學名藥不只能讓民眾減輕醫藥費的負擔，同時也可以壓低國家的整體醫療費。

根據統計……

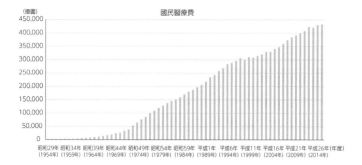

【資料來源】作者依據「國民醫療費」（厚生勞動省）的資料自行製作

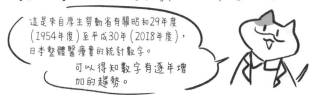

這是來自厚生勞動省有關昭和29年度（1954年度）至平成30年（2018年度），日本整體醫療費的統計數字。

可以得知數字有逐年增加的趨勢。

圖4.4.2 隨著社會高齡化，便可預測醫療費也會隨之增加

從生活的視角來看，我們平常吃的藥是守護身體健康的支柱；以研究開發的視角來看，那些藥是研究開發的一項成果；以國家政策的視角來看，則是與國家的整體醫療費息息相關。即使是同一種藥，透過生活、科學和政策的不同視角，就會看出各式各樣的一面。

總整理

學名藥是拿專利過期的原廠藥來製造生產，並擁有相同藥效的藥品。這些藥在生活上是維持健康的支柱，在研究上是成功的結果，在政策上則與醫療費息息相關，擁有各種不同的一面。由於學名藥的成分能在短時間內完成研發，便能讓我們以相對便宜價格購得。

該如何與醫學專家對話？

近在身邊的專家

現在正是新冠病毒肆虐的時候，從事醫療工作的人們依然會出現在醫院、接種會場、保健所等地方提供協助，實在讓人相當感激。在我們的生活中，這些人說不定就是最近在身邊的專家。

雖然大家看起來總是很忙，但有時候還是希望能和他們深談一下。

請問我們該如何和醫療相關人士交流呢？

 對於同件事物會有不同感受

我想大家應該都曾有過「身體不舒服或受傷時跑去醫院，自己卻無法清楚表達病況」的經驗吧？有時候越不舒服，就越無法仔細說明身體狀況。除了心情受到影響外，醫生的態度加上自己不懂得如何表達的打擊，可能還會讓你感到十分挫折。

其實無論醫生還是患者，彼此都是想要解決同一個問題。雙方的目標，都是希望患者本人恢復健康，重新回到一如以往的生活。但是為什麼彼此的想法還是會有落差呢？

本節就要來思考醫生與患者之間的交流障礙，以及改善現況的必要方法。

 視角的差別

會接觸到患者的醫療人員當然不是只有醫生而已。像是護理師、藥劑師、職能治療師也都是其中一員。為了簡單說明，這次就著重在醫生與患者之間的交流。

圖4.5.1 有時也會發生這種意見相左的情況

\還想了解更多！/

column

連接不同視角的新挑戰──醫療漫畫大賞

在2019年時，出現了名為醫療漫畫大賞的漫畫比賽，是由橫濱市醫療局所提出的計畫「醫療觀點」。為了消解患者與醫療人員之間的隔閡，便設計了這樣的活動。

參賽的漫畫家，會以實際發生在醫療現場的故事作為創作藍本。2019年有55部作品，2020年則有78部作品參賽，會由專業醫療人員、漫畫家和編輯一起評選出大獎和入選作品。在2021年將在秋天舉辦第三屆比賽。

這場比賽的目標就是透過漫畫，讓擁有不同觀點的人也能彼此交流。看來下屆的作品也是不容錯過。

對於患者來說，受傷或身體不適都是一件大事。不只對生活造成影響，在精神上也會遭受一定打擊。在這樣的情況下，患者肯定無法比平常還要能言善道。

站在醫生的立場來看，自己具有專業的醫學知識，也多少懂得患者會有什麼樣的心情。可是後面還有其他患者在等候，實在沒什麼時間好好深談。

醫生和患者都想解決病痛或傷勢，緩和痛苦的現況。究竟該怎麼做，才能讓彼此順利溝通交流呢？

當身體狀況允許的時候，你不妨試著做筆記看看吧。醫生在聽患者說明時，都會注意「5W1H」的症狀。患者是誰（Who）？主要症狀是什麼（What）？覺得哪裡會痛（Where）？什麼時候會痛（When）？會感覺到什麼樣的疼痛（How）？還有為什麼會痛？心裡知道為什麼痛（Why）？即使無法立刻在醫生面前口頭說明，**患者也可以善用這種筆記來表達身體狀況。**

如果只是身體不適或輕傷，首要之務就是傳達彼此的資訊。若是遇到更嚴重的病痛或傷勢時，通常會有機會與醫生深談今後的療程。看在患者眼裡，醫生不只是能以醫學和科學角度做說明的專家，也是會配合疾病和傷勢做處理，為治療賦予意義的最佳夥伴。

要打造一個能讓患者和醫生共同合作，獲得良好溝通的空間，除了當事人的努力，也必須整治好周遭環境。說不定在未來，就會開發出一套能舒緩患者的精神負擔，又可以讓醫生減少時間壓力的流程和技術。

 ## 為醫者仁心仁術

因為新冠病毒疫情爆發的影響，利用網路接受線上診斷的遠端醫療也開始變得普及。雖然這能減緩患者和醫生的移動往來負擔，但是問診和溝通的困難也成為彼此的課題。這也可說是考驗著過去以來，以直接面對面為主的人際關係。

如同俗話說的「為醫者仁心仁術」，大眾十分重視醫療人員對於患者的態度。就讓我們一起期待在今後的社會，仁術究竟會出現什麼樣的變化，或是以什麼方式來守護大眾健康吧。

圖4.5.2　線上問診或許也會進而改變診療時的溝通方式

 總整理

即使醫生和患者面對相同的課題，雙方卻處在不同的立場與視角。用 5W1H 的方式整理出自己的症狀，或許就能幫助醫生與患者建立起良好的溝通方式。若要實現更有深度的對話，就要借助其他協助和技術的力量了。

醫學是從何而來？

醫學的來歷

每次一看到血液淨化或醫療相關的投稿文章，就會讓我覺得科學根據的重要性。在談論科學根據時，偶爾也會同時出現「西方醫學」這個單字。這麼說起來，西方醫學是在何時傳進日本的？另外我們也聽過「東洋醫學」一詞，東洋醫學又是從何時開始存在於日本呢？

 醫學的發展

我們平常去看病的時候，大部分都是覺得很不舒服或是身上有傷，整個人會陷在負面情緒中。在這個情況下，大家通常沒有餘力慢慢想醫學的事。本節就讓我們稍微放下自身健康狀況，一起來思考一下醫學吧。

現今的醫院或診所，通常都是以西方醫學作為主要療法。我們在醫院有時會看到牆上貼著解剖圖的海報，其實詳細的解剖圖就是出自於西方醫學。不過有時候為了配合患者體質，醫院也會開出漢方藥的處方箋。其實長久以來，東洋醫學都是使用漢方藥。現代醫療就會像這樣，同時善用西方醫學和東洋醫學。

東洋醫學是從何時開始深根於日本？西方醫學又是如何發展，在何時傳進日本呢？本節就讓我們回顧一下這段歷史吧。

 身處在科學革命中

東洋醫學源自於中國。從西元前開始，中國就有使用針灸的療法。在西元3世紀前，出現了將針灸理論和草藥用法整理成冊的經典《黃帝內

經》與《神農本草經》。書中有許多現代也通用的實用內容，中國醫學也以此作為基礎開始蓬勃發展。

圖4.6.1　東洋醫學的發展以針灸治療和草藥的經典為中心

\還想了解更多！/

尚未成為科學之前的西方醫學

在古埃及的莎草紙和巴比倫的軟泥板上，有詳細留下治療疾病或傷口的過程。當時的醫學較有強烈的魔法和宗教色彩，受到古埃及和巴比倫影響的古希臘會在阿斯克勒庇俄斯神殿進行「治療」。之後學術有了發展，醫學脫離魔術的元素，自成獨立的學問領域。像這樣先從迷信開始起步，隨著研究獨立發展的過程，也發生在源自煉金術的化學上。這在各種學問領域上，說不定就是一段共同的必經過程。

在6世紀左右的飛鳥時代，來自朝鮮的百濟、新羅等地的移民和學者將中國醫學傳入日本。在562年時，第一本中國醫學書就被帶來日本；在

984年時，將隋唐醫學整理成冊，同時也是日本首部醫學書的《醫心方》大功告成。之後直到16世紀為止的長久時間，日本的醫學都是延續中國醫學來發展。

而關於西方醫學，則是繼承了古代希臘醫生希波克拉底（Hippocrates）和古羅馬醫生蓋倫（Galeno）的醫術。蓋倫在當時為經典的生理學、病理學和解剖學奠定了基礎。

在這之後，古典的西方醫學受到了巨大挫折。13世紀冒出漢生病，14世紀出現了成為卡謬小說主題的鼠疫，15世紀則是開始流行梅毒。當時人們認為傳染病是「瘴氣（miasma）」在作祟，所以為了淨化髒空氣，城市各地都會焚燒香木，最後卻反而讓疫情更加惡化。

在15世紀之後，文藝復興時代開始，眾人開始重新審視希臘和羅馬的經典。因為曾經吃過傳染病大流行的苦頭，大家便加以改良了蓋倫的經典醫學。之後解剖學走在西方醫學的尖端，比利時的解剖學家安德烈亞斯‧維薩留斯（Andreas Vesalius）在1543年出版了詳細的解剖書。人們開始需要治療遭受槍砲和大砲所導致的傷勢，外科技術也有了進步。

16世紀之後，蓬勃發展的西方醫學以解剖學為中心傳進了日本。當時的日本是江戶時代中期，杉田玄白的《解剖新書》就是在此時出版。**西方醫學在當時的日本被稱為「蘭方」，而以往在日本發展的醫學則稱為「漢方」。**當時採用了蘭漢折衷的療法，一名叫做華岡青洲的醫生學習了漢方的麻醉與西方外科，成功完成全身麻醉的乳癌摘除手術，成為當時世界首見的案例。

在幕末時期，長崎的荷蘭醫生龐貝（Pompe）將西方醫學的系統知識傳進日本；到了明治維新之後，由德國的醫生們傳授知識給學生。此時的西方醫學對於傳染病防治和傷口治療有了很大的進步。在此之後，經過了第二次世界大戰，醫學教育和制度有了完善設計，並運用至今。

日本自古以來就在學習中國醫學，之後隨著時代發展，又吸收了在各地發展的醫學。現在這種同時善用東洋醫學和西方醫學的治療手法，就是在江戶時代奠定而來。

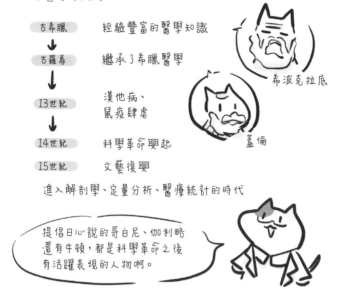

~西方醫學發展史~

古希臘 → 經驗豐富的醫學知識

古羅馬 → 繼承了希臘醫學

13世紀 → 漢他病、鼠疫肆虐

14世紀 → 科學革命興起

15世紀 → 文藝復興

進入解剖學、定量分析、醫療統計的時代

希波克拉底

蓋倫

提倡日心說的哥白尼、伽利略還有牛頓，都是科學革命之後有活躍表現的人物啊。

圖4.6.2　西方醫學是以希波克拉底和蓋倫的經典來發展

 ## 科學與醫學

　　有時候無法用西方醫學解決的問題，反而是東洋醫學更能發揮功效。到了現代，我們依然會以科學角度來研究漢方成分的效用。西方醫學隨著14世紀的科學革命一起蓬勃發展，東洋醫學則是針對中國醫學精益求精，兩者分別都有各自擅長的醫學領域。

總整理

　　日本醫學長久以來以源自中國醫學的漢方為中心，但是到了江戶時代之後，也開始融合了西方科學。從當時到現在，日本都會同時運用東洋醫學和西方醫學從事醫療行為。

科學能研究出棋士的直覺嗎？

其中隱藏了什麼秘密嗎？

在這個世界上，有人是以直覺做判斷，也有人是以邏輯做判斷。聽說職業棋士可以在一瞬之間看穿局勢，下出適合的一步棋，是以個人直覺做出判斷；而電腦將棋程式，則是以邏輯判斷棋路的樣子。職業棋士的直覺思考究竟是如何運作的呢？

 ## 職業棋士的靈光一閃

近年來，人類已成功開發出將棋的AI人工智慧。AI會讀取棋盤，一口氣處理龐大資訊，運用邏輯來判斷最佳的一步棋；職業西洋棋玩家和將棋棋士則是透過直覺，用不到1秒鐘的時間決定棋路後，再仔細分析這步棋是好是壞。

其實一直以來，都有研究在調查西洋棋玩家的思維，或是測量職業將棋棋士的腦波等等，試圖探討這種以直覺判斷盤面的方式，只是最後還是不曉得大腦是如何以直覺做出判斷。

於是在2014年，日本理化學研究所、富士通株式會社、株式會社富士通研究所和公益社團法人日本將棋聯盟聯手組成研究團隊，揭開了將棋棋士以直覺做判斷的過程一角。本節就要介紹大腦的運作機制，還有登上英國學術期刊《Scientific Reports》的論文內容。

圖4.7.1　為了理解將棋盤面，大腦會同時使用兩大部位來思考

＼還想了解更多！／

column

開發將棋AI的開始

近年已開發出能與職業棋士對賽、實力堅強的將棋AI。研究的開端，大約是從1967年左右開始，在1967年的朝日報紙上，就刊登了有關電腦解開詰將棋₆的報導。電腦花了大約90秒的時間，回答出加藤一二三₇八段（當時）用60秒解開的問題，速度和業餘玩家初段差不多。

開發者是越智利夫、龜井達彌和內崎儀一郎，3人都是株式會社日立製作所的員工。聽說他們三人當初是因為興趣才開發出將棋AI。

6　想辦法將死對手的將棋殘局問題。

7　日本知名職業將棋棋士。

以科學角度探究直覺

人的大腦主要分成三大部分，分別是大腦、小腦、腦幹，其中則屬大腦最為發達。

在大腦中，額葉是掌管認知和思考，顳葉是掌管語言和記憶的部位。在至今的研究裡，已經發現額葉會關注整個盤面，顳葉則會對每一顆棋產生反應。**如果職業棋士真的是「用不到1秒鐘的時間」判斷棋路，便可推測額葉和顳葉都會在一瞬間出現動靜。**

研究團隊安排了12名受試者，分成將棋的職業棋士、業餘玩家，以及不會將棋的3個組別，並測量每個人的腦波。將棋會利用代表不同意義的棋子排列陣形，使出包圍王將等不同戰術。在實驗中，會分別準備有意義的陣形和沒有意義的陣形，讓受試者用5秒鐘的時間記下每顆棋的位置，並在3秒鐘之後重現盤面。

在面對有意義的陣形時，職業棋士的腦波會出現兩種反應。**一個是眼睛看到棋子大約0.2秒後，來自額葉產生的動靜；另一個則稍微慢一點，是顳葉在大約0.7秒後做出的反應。**

比較每組受試者的實驗結果後，可以觀察到職業棋士的額葉反應特別快，業餘玩家和不會下將棋的人則是0.3秒左右，或是更晚一點才會有所反應。在這場實驗中，可得知職業棋士的確僅用0.2秒就掌握了整個盤面，接著花0.7秒左右的時間觀察每一顆棋，在1秒之內了解整盤棋的動向。

而且額葉和顳葉的前後反應只間隔0.5秒左右，由此可見大腦是同時在思考盤面狀況和每顆棋的意義，**也就是從腦波來看，似乎就能確定職業棋士真的「用不到1秒鐘的時間」，就能掌握盤面動向和棋子。**解開這個謎團後，再進一步探討棋士是如何掌握整盤棋，調查其中的秘密便成為我們最新的課題。

職業棋士的眼睛

沒有將棋經驗的人和業餘玩家，通常會把注意力放在「步」的棋子上，但是職業棋士則會率先認知到「角」或「飛車」的棋子。

圖4.7.2　職業棋士也會注意每一顆棋子的意義價值

 ## 活在模糊的世界中

　　有別於可以一個個說明清楚的邏輯理論，直覺的思考過程總是充滿謎團，有時甚至會被認為是模糊不清。不過，只要透過像是腦波這種能轉化數字的方式，便能觀察出直覺的特徵。

　　例如彩虹在過去，對世人來說是一個會在雨過天晴之後，漂浮在空中的美麗物體。到了17世紀，英國科學家牛頓便透過數學和算式做計算，成功解釋了彩虹的構造。說不定到了未來，我們或許就有辦法利用科學做研究，解析出那些讓人摸不著頭緒的模糊事物。

總整理

只要測量腦波，就能發現將棋棋士在觀察整個棋盤時，會直覺性地掌握下一手好棋。說不定透過未來的科學，或許就能成功解析像直覺那樣的曖昧思緒。

還想了解更多！

column

阿蘭的幸福論

19世紀末～20世紀中期有位名叫阿蘭（Alain）的哲學家。他除了是哲學家之外，也在法國各地的高中教授哲學。

在阿蘭的著作《幸福論》中，就經常提到人類情感與身體之間的關係。人類會感到不安或恐懼，甚至還會全身動彈不得。在這個時候，人容易把自己當成悲劇主角，忍不住關進戲劇化的情緒中，沒有辦法往前踏出一步。

阿蘭認為所謂的情感，單純只是身體的物理反應之一。他覺得只要做做運動，擺出微笑表情，就有辦法讓心情舒暢許多。

透過現代醫學和科學的力量，我們變得越來越了解人類的情感與思考。認識身體與心靈的關係，或許就能讓我們從戲劇化的情緒中稍微獲得解放。

第 5 章

物 理 與 科 學

物理學也是一種科學，
對現代的科學思維帶來
相當巨大的影響。

呵呵呵！
這點子不錯哦。
我們就來試試吧。

原來是這樣！
用物理學的視角來看生活，
不曉得會是什麼感覺？

為什麼義大利麵無法折成 2 截？

物理
5.1

放不進比較小的鍋子裡……

我今天的晚餐是義大利麵。當我打算把麵條放進沸騰的鍋裡時，發現鍋子的尺寸對義大利麵來說太小，便試圖把麵條折成一半。結果沒想到我一折，卻折出好多小碎片。要是義大利麵能夠漂亮地折成一半就好了。究竟為什麼無法成功折成一半呢？

解決天才也困擾的難題！

只要在折義大利麵的時候觀察一下，便可發現麵條會被折成3、4截。這究竟是為什麼？這個乍看簡單的問題，讓天才物理學家也很煩惱。

這位天才名叫理察・費曼（Richard Phillips Feynman），是曾經榮獲諾貝爾獎，20世紀的美國物理學家。為了解開這個疑惑，他不停折斷義大利麵，反覆進行觀察。但即便是實力堅強的他，費盡了千辛萬苦也找不出這個問題的解答。

之後在2004年，法國科學家巴塞爾・奧多利（Basile Audoly）和賽巴斯坦・努克可（Sebastien Neukirch）以科學方法發現了其中的秘密。本節就要介紹他們投稿在學術期刊《物理評論通訊》的論文內容。

以科學角度探究義大利麵

奧多利和努克可為了簡化這個現象，便把義大利麵換成長棍，用彎曲長棍來取代折義大利麵。這個實驗是先把長棍的左端固定在牆上，然後施力彎曲長棍的右端。接下來持續施加力氣，直到長棍斷裂為止。

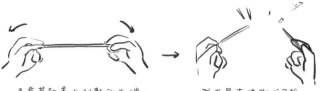

手拿著乾義大利麵的兩端，
彎折麵條後……

然不是直接斷成2截，
而是斷成3截以上。

天才物理學家也不解……

唔嗯……到底是為什麼？
不管我怎麼折，還是會斷成3截以上。

即使花費2小時建立假說，也還是找不到答案……

諾貝爾獎得主的物理學家
理察·費曼 (1918～1988)

圖5.1.1　近在身邊的問題也好困難！

╲ 還想了解更多！╱

天才的費曼先生

《別鬧了，費曼先生》一書是由費曼親自撰寫，是他回憶過去的個人隨筆自傳。書中提到費曼自幼就喜歡敲敲打打，會修理壞掉的機器。曾有鄰居拜託他幫忙修收音機，他卻在收音機面前思考起機器故障的可能性。看到費曼始終沒有進展，拜託他幫忙的鄰居一開始也不滿地表示「你在幹嘛啦」。不過最後年幼的費曼順利找到故障原因，成功修好了收音機。

一般人看到東西壞掉，總是會先修修看再說。但像這樣遲遲不動手，而是先思考其中構造的性格，正是費曼與生俱來的才華。

他們套用方程式來呈現這項實驗，便明白了長棍的動作。

在長棍右端慢慢施加力量，等到長棍承受不了壓力便會斷裂。在這個時候，長棍會斷成2截。在這之後，能看到固定在牆上的左端也產生了反應。

固定在牆上的長棍左端要恢復筆直狀態時，因為彎曲產生了波動。這股波動會傳遞到長棍上，並撞擊固定長棍的牆面反彈回來，使波動的力量變得更大。**變大的波動會彎曲一部分的長棍，讓長棍剩下的部分出現斷裂**。於是到了最後，長棍總共會斷成3截。

他們根據方程式算出的預測結果作為基準，使用電腦進行模擬，鎖定長棍會斷裂的位置。接著再換成義大利麵實際做實驗後，便能發現麵條斷裂的位置與電腦模擬一致。由此可見預測結果是正確的。

也就是**義大利麵會斷成3截，其實是受到波動的影響。而且麵條不是一口氣斷裂，而是分成2次斷成3截，2次斷裂的原因也不一樣**。

光是透過觀察，其實很難發現這種自然現象的運作。只要善用科學，簡化過程，利用方程式和電腦模擬就能解開自然現象的詳細變化。

順便一提，若是想將義大利麵成功折成2截，似乎扭轉麵條就可以達成。這是在2018年新發現到的研究結果。

用科學觀點看待身邊的現象

這個把義大利麵成功折成2截的研究，在2006年榮獲了搞笑諾貝爾獎。搞笑諾貝爾獎是表彰最能發人省思，最讓人發笑的有趣研究。就連義大利麵的樸素現象，也需要透過材料開發技術，利用工學和物理學的理論來思考。想必費曼一定也是用科學角度在看待義大利麵吧。

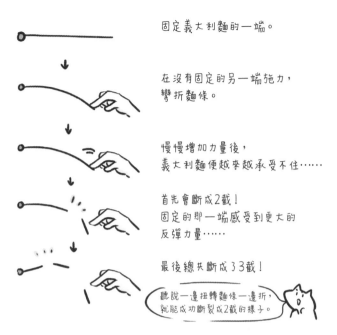

固定義大利麵的一端。

在沒有固定的另一端施力，
彎折麵條。

慢慢增加力量後，
義大利麵便越來越承受不住……

首先會斷成2截！
固定的那一端感受到更大的
反彈力量……

最後總共斷成33截！

聽說一邊扭轉麵條一邊折，
就能成功斷裂成2截的樣子。

圖5.1.2 彎折義大利麵的流程。一邊扭轉一邊折就能成功折成2截

 總整理

　　義大利麵的斷裂過程分成2個階段。像這種近在身邊的自然
現象，也是通往工學、物理學等科學的世界入口。

廚房的白洞？

物理 5.2

前往異世界的入口

前陣子哆啦A夢的電影上映了。哆啦A夢會從四次元口袋中拿出各種道具，還會從大雄的書桌抽屜裡跑出來。如果那些可說是某種通道的話，我覺得水管好像也是差不多的東西。若以科學角度來看，兩者看起來會相像嗎？

 ## 形狀與宇宙的某樣東西一樣

在以宇宙為題材的電影中，有時候會看到劇中描述黑洞是會吸走一切的恐怖存在。就算是光線，一旦被黑洞吸走也再也無法出來。黑洞正可說是宇宙的深淵。

被黑洞吸走的東西究竟跑去哪裡了呢？數十年下來，這個謎團一直讓科學家們著迷不已。

其中一個候選答案就是白洞。這是假設有一個天體與黑洞恰恰相反，會把黑洞吸走的所有東西都釋放出來。雖然從理論上來看，白洞確實有存在的可能性，但到目前為止還沒有任何觀測到白洞的記錄。

2010年時，有一篇論文提到在廚房裡面，或許就有一個現象與白洞的物理定律相同。宇宙研究與家庭廚房究竟有什麼關連？本節就要介紹以白洞為主題的研究。

 ## 白洞與廚房水槽

首先從黑洞開始談起吧。黑洞具有相當巨大的引力，是連光線也會被它吸收的天體。只要越過名叫「事件視界」的邊界，就沒有東西可以再從黑洞出來了。

黑洞的存在
誕生自廣義相對論。

發表廣義相對論的
阿爾伯特·愛因斯坦
(1879~1955)

黑　洞　　　　　　　　　　　　白　洞

事件視界……只要越過這裡，
連光線也出不去。

與黑洞恰恰相反，
會釋放出一切物質。

嗚啊……總覺得好可怕……！
現在好像還不確定到底有沒有白洞。
如果真的存在就太酷了……

圖5.2.1　黑洞與白洞究竟是什麼？

＼還想了解更多！／

column

物理定律擁有的普適性

大部分的物理定律幾乎是在地表被發現並受到證明。在中世紀的歐洲，天體被視為神聖的存在，大家認為地表的物理定律與掌管天體的定律是分開的。17世紀時，牛頓推翻了這個想法，表示物理定律並非只存在於地球，具有連宇宙角落也通用的普適性，開啟了新的世界觀。由於地表物體遵循的物理定律也適用於宇宙，所以我們現在才有辦法說明黑洞或太空梭內的現象。

位於事件視界內——也就是黑洞裡面的東西，縱使光線也無法越過事件視界到外面。白洞同樣也擁有事件視界，但它的性質與黑洞恰恰相反，反而是會釋放所有東西。

只要打開廚房水槽的水龍頭，水流會在水槽呈現圓盤狀，周圍一圈的水位會變得比較高，在水流外圍形成一層環形邊緣。像這種水位突然上升的現象稱為「水躍」。現在假設這個水躍為事件視界，水龍頭流出的水為白洞釋放的物體。如此一來，**物體從白洞噴向事件視界的模樣，就與水從水龍頭噴向水躍的模樣很相像。**

法國物理學家吉爾·賈恩斯（Gil Jannes）和日耳曼·盧梭（Germain Rousseaux）等人透過實驗，測試水躍是否擁有類似白洞的性質。為了簡化實驗條件，他們準備了不銹鋼的噴嘴代替水龍頭，用矽油取代自來水落在當作水槽的聚氯乙烯平面上。這時候矽油產生的水躍，就會形成一個美麗的圓形。從過去的研究來看，可以知道若是白洞的話，事件視界內的波動會比外側的波動還要快。那在廚房又是如何呢？

實際測試波動速度後，可發現位於水躍內側（圓盤裡）的水波會比水躍外側（圓盤外）的水波還要快。由此可知廚房水槽的水流現象具有類似白洞的性質。

現在我們還是不曉得白洞是否真的存在。如果真的有白洞，它產生的現象或許就類似廚房水槽也說不定。就讓我們一起來關注未來的研究成果吧。

廚房的水流現象
神似白洞？

用矽油做實驗

水躍

水躍內側的矽油流動
速度會比外側還快。

白洞

事件視界

事件視界內側釋放物質
的速度會比外側還快。

圖5.2.2　測試水流速度後，可發現其中具有與白洞相同的性質。

 相似的存在

　　如同發現黑洞與白洞的相對論，以及研究水流的流體力學一樣，即使直接形成的原因不同，位於不同科學領域的現象有時也會有類似的面貌。現在的物理學分成了許多領域，像這樣發現彼此之間的共通點，也是物理學的魅力之一。

總整理

　　透過實驗，可得知廚房水槽的水流圓盤具有類似白洞的特性。
尋找出現在不同現象中的共通點，就是物理學的魅力之一。

位於地球外的天文台？

天鵝座β觀測站

我正在閱讀宮澤賢治的《銀河鐵道之夜》，今天看到書中提到天鵝座β觀測站的地方。天空的觀測站一詞，聽起來有一種寧靜又沉穩的感覺。
話說太空裡也會有觀測站嗎？

太空裡的巨大天文台

在太空中也有設置觀測站，名字就叫做哈伯太空望遠鏡。它是一邊繞著地球軌道運轉，一邊進行觀測的宇宙天文台。因為是架設在太空，不會受到地球大氣的干擾，能在不受天候影響的環境下遠望宇宙。

哈伯太空望遠鏡自1990年架設在繞行地球的軌道上後，為宇宙研究帶來了許多新發現，擔任了十分重要的角色。我們為什麼需要在太空架設天文台呢？它又具有什麼樣的作用？

一望宇宙的「眼睛」

哈伯太空望遠鏡是由美國太空總署NASA開發，在1990年由發現號太空梭送至宇宙。它會一邊觀測，一邊以每95分鐘1圈的速度繞著地球公轉。全長13.2公尺（差不多比大型巴士長1公尺左右），重量約11噸。用來收集光線的主鏡直徑為2.4公尺，屬於大型望遠鏡，至今已進行過150萬次以上的觀測。

光的傳遞速度在1秒鐘內可繞行地球7圈半，來自遙遠星星的光都是花了數萬年、數億年的時間才抵達地球。既然望遠鏡能收集到這些光，就表示它觀測到的是數萬年、數億年前的遙遠星星。像這樣花費長久歲

月才抵達地球的光，是探索宇宙歷史的重要依據。**但由於觀測過程會受到大氣和天候的干擾，有些天體無法透過地球上的望遠鏡仔細觀察。**

在繞著地球轉耶

哈伯太空望遠鏡

圖5.3.1　哈伯太空望遠鏡會一邊繞行地球，一邊觀測遙遠的宇宙。

\ 還想了解更多！ /

column

望遠鏡的發明

第一個發明望遠鏡的人，是一位名叫漢斯‧李普希（Hans Lippershey）的荷蘭眼鏡工匠。他發現只要重疊凸面鏡和凹面鏡，就可以放大遠方的景色。1609年時，伽利略以這個原理自製了望遠鏡，並用來觀察月亮、土星等天體，開啟了透過望遠鏡觀測天體的歷史。

「哈伯」的名稱由來

哈伯太空望遠鏡的名稱，是取自美國天文學家愛德溫・哈伯（Edwin Hubble）的名字。哈伯提出宇宙會不斷膨脹的概念，成為宇宙大爆炸理論的依據，支持著宇宙起源自體積極小，密度極高狀態的論點。

最後便在宇宙設置了能克服這個難題的望遠鏡，也就是哈伯太空望遠鏡。如此一來不但能避開地球大氣的影響，也能觀測到原本會被大氣吸收的紅外線。甚至連1.6公里之遠的標的物，也能清楚又精準地追蹤，成功觀測到距離地球有134億光年之遠的目標。

依據哈伯太空望遠鏡的觀測，讓我們實際獲得了有關宇宙和銀河起源的重要資訊，同時也知道了我們所在的這座銀河年紀為137億歲。

透過望遠鏡，我們現在可以眺望遙遠的宇宙。所以當等同人類眼睛的望遠鏡上了太空後，就表示我們今後能更加了解宇宙了。

 ## 人們的希望

哈伯太空望遠鏡是國際性的公共設施，會接受來自全球各地的觀測提案。在開始觀測1年後，會向全世界的科學家公開觀測資料。除此之外，其實我們也看得到哈伯太空望遠鏡所拍攝的部分照片。NASA還預計在2021年內發射史上最大的太空望遠鏡，讓人十分期待它將會帶回什麼樣的宇宙畫面。

 總整理

哈伯太空望遠鏡的運作開拓了更寬廣的世界，讓我們可以看到從地表觀測不到的遙遠宇宙和過去的天體。

想從地表觀測天體的時候，像是光之類的電磁波容易受到大氣層干擾。

但是……

如果把望遠鏡架設在太空，便能避開地球大氣層的干擾觀測天體。

圖5.3.2　哈伯太空望遠鏡的強項，就是不會受到空氣的干擾。

圖5.3.3 世界各地的人都能共享來自哈伯太空望遠鏡的資料。

物理 5.4　什麼是形成貝殼花紋的重要關鍵？

時尚的貝殼

在網路上搜尋充滿夏天風情的圖片時，就冒出了很多南國的貝殼，上面還有各式各樣的可愛花紋。有些是直條紋，也有些是滿滿的三角形圖案。

這些花紋是如何形成的呢？

三角和條紋，千變萬化的美麗花紋

貝殼上會有各式各樣的圖樣，像是三角形、直條紋、圓點等等，宛如是之後用畫具塗上去，也像是依照事先準備的設計圖上色一樣，感覺得到某種奇妙的規則。

其實貝殼會隨著貝類的成長，慢慢形成出花紋。組成貝殼的物質，會依據貝類的基因和飲食，還有平常的生長環境而定。

但無論是遺傳基因、食物或環境，都無法掌控這種物質會產生什麼交互作用，或是最後呈現的模樣。**那我們該怎麼確認貝殼花紋是如何形成呢？**

本節就要介紹在研究貝殼花紋的形成過程中，成為重要關鍵的活化劑與抑制劑。

以科學角度探究貝殼的生命活動

貝殼會隨著貝類的成長逐漸形成，一種名叫外套膜的器官會從內側開始包裹貝殼邊緣，從邊緣分泌出含有貝殼元素的液體。貝殼元素會在外套膜與貝殼之間慢慢化作結晶，最後形成貝殼。

貝類會從邊緣慢慢長大

成長線

貝殼是碳酸鈣形成的結晶，
這些結晶會從貝類邊緣逐漸
增加，讓貝殼越長越大。

嘩啦……

貝殼表面有顏色的部分，
是由蛋白質等元素組成。

圖5.4.1　貝殼上會有各式各樣的花紋，會從貝類邊緣開始慢慢形成

＼還想了解更多！／

生物與眾不同？

在科學的歷史中，生命長久以來都被視為與眾不同的存在。像是生物分泌的
物質和生物的身體都代表了生命活動，有別於金屬或木片等物品，所以特別
被取名為「有機物」。

不過這個想法在歷史洪流中逐漸改變，大多數的人開始認為有機物也像金
屬、木片一樣，其實都是由元素組成，並沒有什麼特別之處。人們看待生物
的想法，都會隨著時代而變。

為了探討貝殼的花樣究竟是如何形成，科學家們設立了一個假說，假設貝殼邊緣會產生某種化學反應，經過擴散和沉澱才會形成貝殼。負責引發化學反應的關鍵，就是活化劑和抑制劑。

所謂的活化劑和抑制劑，原本是由英國數學家艾倫・圖靈（Alan Turing）提出的虛擬反應物。活化劑會增加自身的量，同時也會增加抑制劑的量；抑制劑則是會減少自身的量，同時也會減少活化劑的量。因此當活化劑增加，抑制劑會「稍微趨緩」活化劑的成長；當抑制劑減少，活化劑會「開始活躍」，讓抑制劑也會同時增加。雙方就像夥伴一樣互相影響，以各自的速度進行擴散。

貝殼花紋會從貝的邊緣開始產生。為了思考發生在邊緣的化學反應，我們就把貝的邊緣分割成許多小格子來看看吧。在每個小格子加入活化劑和抑制劑，每隔一段時間就為這一排排小格子拍張照。之後便能發現實際從貝殼邊緣慢慢形成的花紋，就很像照片中逐漸變化的一排排小格子。

實際利用電腦模擬重現小格子的變化，並且為活化劑和抑制劑的擴散速度設下條件。**最後就能發現照片中活化劑分布的模樣，很類似貝殼實際形成的花紋。**

我們很難直接觀測發生在貝殼上的化學反應，目前也尚未證實貝類真的會分泌相當於活化劑和抑制劑的物質。**但是透過活化劑與抑制劑的假設來思考，便可以說明貝殼花紋的部分結構。**

 ## 透過電腦模擬探索生命的紀錄

貝殼可說是貝類的成長紀錄。像是吃了什麼東西？在什麼環境中長大？這些過程都會一點一滴地刻畫在貝殼上。所以觀察貝殼的花紋，就等於是在觀看宛如年輪的貝殼活動紀錄。

儘管要實際調查生命活動是一件難事，但透過貝殼圖樣的生命活動紀錄和電腦模擬，我們還是能探索生命活動的構成。像是關於本節提出的虛擬假設，其實已經有在生物體內發現性質相當的物質。

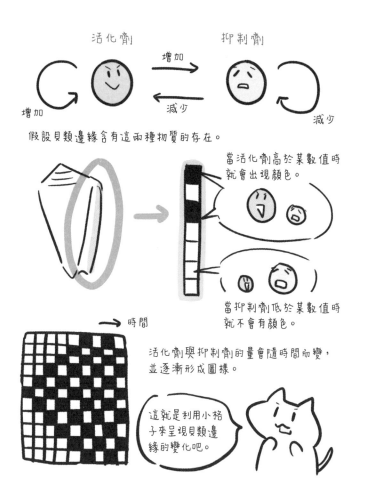

圖5.4.2　活化劑與抑制劑的關係

 總整理

　　關於貝殼花紋的部分組成，可以透過名為活化劑和抑制劑的化學反應物來說明。只要假設出虛擬的關鍵角色，並利用電腦模擬的方式，就可以讓我們探討難以實際做調查的現象。

金平糖的形狀是如何形成？

金平糖的角

有人送了我金平糖作為旅行的伴手禮。金平糖經過精心製作，吃起來不是一咬即碎的清脆口感，而是入口即化的清爽滋味，非常好吃。

金平糖有很多個角，不曉得這些是如何做出來的？難不成是一個個黏上去的嗎？還是用模具塑形而成的呢？

 ## 物理學家與點心

金平糖的形狀是如何做出來的呢？在明治時代的日本，就有一位科學家注意到這個近在身邊的物理現象。這位科學家的名字叫做寺田寅彥。在眾人著迷電磁學和量子力學的明治時代，寺田寅彥反而是鑽研身邊奇妙變化的物理學家。另外他也是夏目漱石的徒弟之一，留下了許多優秀的科學隨筆作品。

本節就要介紹寺田寅彥曾經考察過，有關金平糖的科學研究。像是在小球體黏上角的可愛模樣究竟是如何形成呢？其實這個答案還尚未調查清楚。這次是要告訴大家在我撰寫本書當時，現役研究員對金平糖結晶成長的考察。

 ## 以科學角度探究金平糖

金平糖是利用糖的結晶製作而成的物體。首先準備粗糖或罌粟籽作為晶核，放入一種名叫「銅鑼」會傾斜擺放的巨大鍋子裡，並讓加熱的銅鑼不斷轉動。在這段過程中，專業師傅會慢慢添加糖漿，並使用長得像鋤頭的工具攪拌。如此一來，晶核周圍的糖會逐漸化為結晶，金平糖就大功告成了。

金平糖的製作方式

材料
・糯米粉
　作為金平糖晶核的顆粒，
　也可改用白糖或罌粟籽。
・糖漿
　融化砂糖製作而成。

轉動的鍋子

將糯米粉或白糖
放入轉動的鍋中加熱，
中途需要不時拌炒。

將糖漿淋在糯米粉上，
並同時調整糖漿濃度、
鍋子的傾斜度和轉速。

反覆進行這些過程大約14天～1個月左右。

就算換成機器，要做出直徑1.5公分的金平糖也要花費3週左右。

圖5.5.1　金平糖的製作方式

╲ 還想了解更多！╱

愛吃甜食的物理學家

寺田寅彥似乎非常愛吃甜食，留下了會把糖當成點心舔，或是把黑糖包進飯糰裡的趣聞。他會問學生「我問你，你不會覺得很奇妙嗎？」，教大家要隨時對身邊的事物感到好奇。

「雪是天空捎來的書信」

在特別關注物質外型的物理學者中，寺田寅彥的徒弟中谷宇吉郎就是其中一人。他鑽研雪的結晶，是全球首位成功製造人工雪的人物。從雪的結晶形狀便能了解上空大氣的狀況，所以他還留下一句名言：「雪是天空捎來的書信。」

金平糖身上有許多角，而且角的數量通常也都差不多。照道理來說，用鍋子轉動粗糖或罌粟籽，金平糖應該會越來越圓滑才對。於是在這個時候，**我們就會好奇為什麼金平糖會有角？角的數量又是如何決定？**寺田寅彥提出了這些問題，他的徒弟和後世的人們便繼續進行研究。

在東北大學研究所理學研究科（2011年當時），鑽研晶體生長的塚本勝男教授觀察了金平糖切面，**得知在金平糖成長初期，糖會在晶核邊緣形成像是年輪的層次**。可以合理猜想常接觸鍋面的角的附近，周圍的糖應該都陸續化為了結晶。師傅的專業技術，便讓原本的素材長出了角。

但如果晶核是長方體形狀的白糖結晶，最後完成的金平糖應該會是八個角才對。塚本教授接下來便把注意力放在沾了糖漿的地方。**在水晶的角上沾咖啡做實驗，可以發現角上的水分被蒸發，原本沾有咖啡的角分成了三個。**

便宜的金平糖，通常是用薄薄一片的長方體白糖作為晶核。假設原本長方體的角各自都會分成三個角，把可以形成四個角的平面作為下底和上底，可以形成兩個角的平面作為側面後，**便可預測最後所有角的數量會是16個。實際數數看以白糖作為晶核的金平糖稜角，可以發現角的平均個數約為18個。**

除此之外，使用一般觀測岩石或礦石的偏光顯微鏡觀察切面，可得知便宜金平糖上的大顆結晶顆粒，會以角為中心呈現放射狀成長。如果是使用傳統製法的高級金平糖，上面的結晶顆粒通常比較小，這些細緻結晶就會一層層地堆疊起來。像是清脆或是入口即化的口感，似乎也能依據結晶的結構來說明。

所以換句話說，金平糖是因為原本的晶核就有角，這些角會在製作過程中逐漸成長，接著周圍又會出現新角的緣故。關於角的數量，則是可以猜測是根據晶核形狀，還有糖漿在接觸角之後會化為幾個部分而定。

調查金平糖的角後，我們可以預測金平糖的製作過程以及原本的晶核形狀。其實在物體的外型中就藏了許多資訊，能讓人了解形成過程或是內部構造。

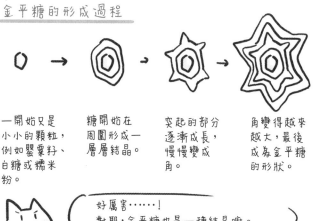

金平糖的形成過程

一開始只是
小小的顆粒，
例如罌粟籽、
白糖或糯米
粉。

糖開始在
周圍形成一
層層結晶。

突起的部分
逐漸成長，
慢慢變成
角。

角變得越來
越大，最後
成為金平糖
的形狀。

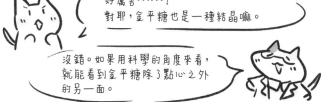

好厲害……！
對耶，金平糖也是一種結晶嘛。

沒錯。如果用科學的角度來看，
就能看到金平糖除了點心之外
的另一面。

圖5.5.2　金平糖的形成方式（採用傳統製法的情況）

工具與研究

關於結晶或生物等常見現象的物理學，由於過程複雜，還會冒出無法人為計算的方程式，是一個研究較為困難，發展速度緩慢的領域。在1970年代有了電腦後，許多方程式的計算開始化為可能，讓這類現象被歸類為物理學中一個複雜的系統。而寺田寅彥就可說是其中的先驅人物。

在機械學習登場之後，也有不少物理研究會採用這項技術。看來今後還會出現新的工具，讓我們有其他新發現也說不定。

總整理

關於金平糖的角還有角的數量，可推測是依據作為晶核的罌粟籽或白糖形狀，以及糖漿的性質而定。觀察金平糖的模樣，就能猜出包含晶核形狀在內的各種資訊。

電阻會變成零嗎？

物理 5.6

發燙的手機

不曉得是不是因為開了太多APP，我在使用手機的時候都會覺得越來越燙。這麼說起來，我記得當電流通過的時候，金屬好像都會變熱。
如果有什麼東西不會因為電流發熱的話，我還真想實際用用看。

 ## 零電阻能改變社會嗎？

每當電流通過，金屬就會發熱。這是因為金屬無法完整傳遞所有的電，導致部分電流轉換成熱能的關係。這種熱稱為焦耳熱，會與該金屬的電阻大小成正比。當電阻越大，熱能就越大，流失的電力也越多。

如果沒有電阻的話，焦耳熱也會大幅減少，讓金屬可以完整傳遞所有電流。手機和電腦也不會因為電流發熱，讓電力和磁力可以有更廣泛的用途。

既然如此，現實中是否存在著沒有電阻的金屬或物質呢？其實在這數十年間，就發現到經過冷卻後可以實現零電阻的物質。產生零電阻的現象稱為超導現象，引發這個現象的物質則稱為超導體。在本節中，就要向大家介紹超導現象。

 ## 超導技術的誕生過程

要發現超導現象，就必須要有能夠冷卻物體的技術。**荷蘭萊頓大學的物理學家海克・卡莫林・歐尼斯（Heike Kamerlingh Onnes）就提升了冷卻技術，在1908年成功完成了液化氦氣的實驗。**

什麼是電阻?

電阻就是電流的阻力。
構築物質的原子產生震動,
妨礙電子流動所產生的
現象。

構築物質的粒子

電子

奇怪?我記得歐姆定律是V=IR吧?
如果電阻為零,電壓V也會是零吧?

你注意到一個好地方了!
因為歐姆定律是使用一般金屬的
實驗結果,所以不符合超導現象。

圖5.6.1 什麼是電阻?

＼還想了解更多! ／

column

物理學系小趣事

現在在大學課程中,也會做觀察超導現象的實驗。在北海道大學的理學院,
物理學系的3年級學生會在實驗中利用液態氮冷卻通電的超導體,並測試電
阻數值(2017年當時)。

作者以前也有參與這個實驗。在實驗中,超導體的電阻數值幾乎會同時顯示
在螢幕上。電阻數值一開始會逐漸降低,但在抵達某個數值時就會突然一
口氣直接降到0。看到超導現象就發生在自己眼前,那股感動至今仍然令我
難忘。

氦在常溫下是氣體，但當沸點降到4.2K時就會變成液體。K（Kelvin，克耳文）是絕對溫度的單位，0K的溫度與-273.15℃相同，4.2K約等於-268.95℃。在這之後，物理學的研究就在這麼低溫的世界持續發展。

歐尼斯在1911年時，又發現了把水銀冷卻到4K左右時，水銀的電阻會化為零，於是超導現象就被發現了。在1957年時，美國物理學家約翰‧巴丁（John Bardeen）、利昂‧庫珀（Leon Cooper）和約翰‧羅伯特‧施里弗（John Robert Schrieffer）透過三人提倡的BCS理論解析了超導現象。當時認為引發超導現象的溫度極限，大約是30K左右。

1986年時，BCS理論預想的限制被打破了。德國物理學家約翰尼斯‧柏諾茲（Johannes Georg Bednorz）和瑞士物理學家卡爾‧穆勒（Karl Alexander Müller）利用氧化物，實現了以35K的溫度達成超導現象。之後引發超導現象的溫度不斷越來越高，甚至出現203K（約-70℃）的紀錄。

要以低於BCS理論的溫度來冷卻超導體，必須使用價格高昂的液態氦。但若是改成稍微高一點，大約77K以上的溫度來冷卻，用便宜的液態氮就行了。1986年之後，因為成功觀測到能以較高溫度完成超導現象，讓我們又更加靠近連電線也能使用超導技術的未來了。

到了現在，超導技術特別應用在MRI（磁振造影）等醫療器材。說不定未來能夠運用在高溫中產生的超導現象和液態氮，並完成像是能夠處理龐大計算的量子電腦，還有透過電力發動磁力的磁浮列車等等，或許未來也有可能出現不會發燙的手機。

 ## 科學技術促進社會發展

在這個社會中，大學和研究機關研究了各式各樣的現象，而超導現象也是其中之一。因為冷卻技術的進步，才讓超導研究有了發展。在今後的未來，或許超導技術也能運用在通訊技術和量子電腦上。在開發出冷卻技術的1900年當時，想必人們一定沒有料想到這些事吧。

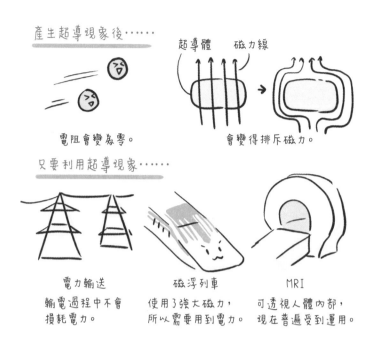

產生超導現象後……

電阻會變為零。

超導體　磁力線

會變得排斥磁力。

只要利用超導現象……

電力輸送
輸電過程中不會
損耗電力。

磁浮列車
使用了強大磁力，
所以需要用到電力。

MRI
可透視人體內部，
現在普遍受到運用。

圖5.6.2　超導技術、技術與社會

　　關於這些來自大學和研究機關的知識及研究成果，即使最後達成的目標與當初想像的不一樣，未來有一天還是能運用在社會上。做研究需要花費時間和金錢，也不一定能在預設的材料和時間中獲得結果。但是這些研究會持續存在於社會中，也是改變社會的文化基礎。

　　電阻變成零的現象稱為超導現象。隨著冷卻技術的進步，超導技術的開發也有了進展，並開始運用在通訊和資訊科技上。在研究成果的應用方式中，具備著當初難以想像的可能性，也會成為文化與技術的種子。

5.7 物理 機器人和AI也會參與研究嗎？

經驗法則與 AI

我聽說在汽車工廠裡，有機器人繼承了老鳥員工的塗裝技術在工作。在科學研究中，做實驗好像也需要精密技術。難不成在研究的世界裡，其實也有機器人繼承了專業技術？

名為研究之工作、機器人與 AI

近年來，已經有AI可以做到與人類無異的工作，受到廣大的矚目。AI的研究從資訊、數學的領域開始，應用範圍逐漸越來越廣。AI不只能解析語言和聲音，還會畫畫或演奏樂器，甚至搭載了模仿人類行為的功能。除此之外，現在也開發出了繼承專業技術的機器人。這些技術包括了汽車塗裝、接合金屬的焊接技術、陶器塑形等等，有各式各樣的種類。

也有人會覺得機器人和AI會搶走人類的工作，可是換個角度來思考，其實背後也潛藏著可以確實傳承快消失的技術，讓人們自由活動時間變多的可能性。最近在研究的世界裡，各種研究活動也慢慢開始傾向借助機器人和AI的力量。在本節中，就要向大家介紹其中幾個實例。

讓研究自動化

身懷優秀技術的人才稱為匠。像是木工或是傳統工藝的專業人士，我們就會稱呼他們為匠人。但在研究的世界裡，其實也有匠人的存在。那就是在實驗室有活躍表現，名為研究助理、技師的人員。研究生命科學的技師在日本又稱為生科技師（在3.5也有提到有關技師的內容）。

圖5.7.1 科學研究的流程。AI將會負責哪個部分呢?

\還想了解更多!/

其實這已經是第3次AI旋風!

AI在2010年代後半受到了廣大媒體注目,但其實至今已經掀起過3次AI旋風了。

第1次是1950年後半至1960年代,AI變得能解開遊戲和拼圖,但還無法處理現實的課題,讓熱潮開始走下坡;第2次是1980年代,誕生出只要提供相關知識,便能解決複雜難題的AI。但是必須一一轉換寫法才能讓電腦理解內容,使得AI旋風又進入寒冬時期;接著就是第3次的2000年代,電腦可以自行學習知識的機器學習技術現身了。第3次的旋風直到2021年也沒有退燒。回顧一次次的AI旋風,可以得知即使中途出現了新問題,之後便會誕生出克服該問題的新技術。

在生命科學實驗使用的細胞或試劑都非常敏感，所以做實驗的時候都需要專業的一流技術。像是要用多少時間，多少強度搖晃培養皿？試劑該以什麼角度和位置注入試管？跟據不同的複雜條件，有時候都會改變實驗結果。

熟知這些細節條件和知識的人物就是技師了。技師的人數有限，實驗也需要龐大費用和時間，有些研究還得要更換不同條件做實驗。

在提供人形機器人的日本企業「Robotic Biology Institute」，就善用了具備高超技師技術，可以自動處理實驗的機器人「Maholo」。

Maholo和人類一樣擁有兩條手臂，可以重現技師的動作細節，還能透過遠端連線接收指令進行實驗，就算研究員沒有常駐實驗室，在夜間也可以持續做實驗。

不過機器人雖然可以按照指示完成實驗，卻沒辦法自行想出高效率或其他新實驗的條件。關於這個部分，大家便想到交給AI來負責。在研發新藥的領域上，已經開始結合AI和Maholo的力量，自動製造出適合新藥條件的細胞。

實驗需要龐大時間，有時還得做到三更半夜，也會影響研究員和技師的生活。只要善用AI和機器人，就無需擔心日夜時段，並在不影響人員健康的情況下，以專業技術完成各種實驗。或許在不遠的將來，甚至會有AI提出實驗提案，自動推展研究也說不定。

該如何與技術共存？

利用數學和資訊學完成的AI技術不只會改變社會，對其他學術領域也會帶來影響。科學研究除了研究員的討論之外，其他像是實驗和驗證工作等等，都需要一步一腳印地花費龐大時間和經費。有了適合的新技術，或許就能藉此加快研究速度，讓人們可以集中精神在其他需要處理的課題和活動上。

生科技師

在生命科學的研究中負責做實驗。
職務內容會依各研究室而異。
要照顧細胞和合成藥品。
擁有實驗不可或缺的專業技術。

想請你做這個實驗！

研究員

麻煩你照我教的去做哦。

機器人

讓機器人學習生科技師的能力，重視專業的一流技術。
目的是希望機器人代理完成負擔沉重的實驗，讓研究變得更有效率。

圖5.7.2　支援研究的AI

　　雖然有人會覺得AI和機器人奪走了人類的工作，但其實只要妥善
運用它們的力量，便能更加豐富我們的生活。如果人的工作真的會被奪
走，奪走那份工作的可能也不是AI和機器人，而是另一個做出這個決定
的人也說不定。

總整理

　　AI技術誕生自數學和資訊學，現在受到了廣泛運用。或許在不久的未來，
還會出現能夠繼承技師的專業技術，能夠更有效率完成實驗的AI
機器人。

結語

十分感謝你閱讀到最後。我是作者Kakimochi。多虧有大家的支持，讓我順利出版了個人首部著作。現在就讓我稍微來談談這本書的背景。

一直到高中，我對科學都有一種「遙遠又神秘」的印象，總是下意識地敬而遠之。

於是我便心想「在大學仔細學習物理的話，或許就能讓我了解科學」，便選擇了物理學系就讀。在這之後，我才終於弄清楚潛藏在理科和科學技術背後的科學真面目。我發現科學重視的地方，與一般生活注重的部分有很大的不同。我就是從這時候開始不再害怕，覺得科學變得十分有趣。

在我進入研究所後不久，我發現有個名為出版甲子園的大賽。這是由學生提出書籍出版企劃的比稿大賽。我覺得這是讓大眾透過書籍了解科學的好機會，便報名參加比賽，並晉級到了決賽。有不少出版社主動表示想完成這個在出版甲子園做的企劃，最後才成功誕生了這本書。

這本書的目的，就是連結不為人知的科學世界與日常世界。為了打造這條連結的入口，我便收集了許多自己曾對科學產生的好奇與疑問，還有看到真實的科學後，會讓人恍然大悟或覺得有趣的地方。

我希望在讀了本書之後，讀者可以多少消解對於科學的質疑，在心裡覺得「原來科學是這麼一回事」，或是「科學真是有趣」。

　　最後，我想對協助出版本書的各位致上謝意。謝謝翔泳社和出版甲子園的負責人，兩位給了我好多好多的幫助。像是企劃、文章、插圖、印刷等等，你們讓不成熟又無知的作者我學到了很多事，為了順利出版傾囊相助。真的非常感謝你們。這本書能夠問世，都要多虧兩位的幫忙。

　　另外也要感謝支持並鼓勵我寫作的各位好友和家人。謝謝大家了解我的軟弱，為我提供許多協助。

　　還有更重要的是，我要由衷地感謝各位讀者。謝謝你願意拿起本書並閱讀到這裡。希望這本書有為你帶來一些樂趣。

　　科學是誕生自人類歷史的豐富文化。我要向奠定科學，培育科學，還有傳播科學的所有人表達敬意。

　　希望科學與每個人的生活都有一段美好的關係。
　　期待下次在某處相見吧！

Kakimochi

参考文献

第 1 章

- 厚生労働省 ,「日本人の食事摂取基準 (2020 年版)」策定検討会報告書
- 広山均 , フレーバー:おいしさを演出する香りの秘密 , フレグランスジャーナル社
- 厚生労働省 , 遺伝子組換え食品 Q&A 厚生労働省医薬食品局食品安全部 (平成 23 年 6 月 1 日改訂第 9 版)
- 畝山智香子 , 食品添加物はなぜ嫌われるのか 食品情報を「正しく」読み解くリテラシー , 化学同人
- 厚生労働省 , よくある質問 (消費者向け)
- https://www.mhlw.go.jp/stf/seisakunitsuite/bunya/kenkou_iryou/ shokuhin/syokuten/qa_shohisya.html
- 山崎製パン , 小麦粉改良剤「臭素酸カリウム」による角型食パンの品質改良について
- https://www.yamazakipan.co.jp/oshirase/0225.html
- 消費者庁 , 消費者庁ウェブサイト 遺伝子組換え食品
- https://www.caa.go.jp/policies/policy/consumer_safety/food_safety/ food_safety_portal/genetically_modified_food/
- 日本経済新聞 ,「ゲノム編集食品」国が初承認 トマト流通へ
- https://www.nikkei.com/article/DGXZQOFB107EH0Q0A211C2000000/
- 厚生労働省 ,「食事バランスガイド」について
- https://www.mhlw.go.jp/bunya/kenkou/eiyou-syokuji.html
- 栗原 久 , 日常生活の中におけるカフェイン摂取 −作用機序と安全性評価− , 東京福祉大学・大学院紀要 第 6 巻 第 2 号 (Bulletin of Tokyo University and Graduate School of Social Welfare) p. 109-125 (2016,3)
- THE NOVEL PRIZE, Emil Fishcer Biographical
- https://www.nobelprize.org/prizes/chemistry/1902/fischer/biographical/
- 厚生労働省 , e- ヘルスネット [情報提供] 加齢とエネルギー代謝
- https://www.e-healthnet.mhlw.go.jp/information/exercise/s-02-004.html
- 川端晶子 ,「調理科学」は世界を駆けめぐる , その名は「分子ガストロノミー」, 日本調理科学会誌 Vol.39, No.2, p. 184(2006)
- 佐藤成美 ,「おいしさ」の科学 素材の秘密・味わいを生み出す技術 , ブルーバックス , 講談社
- 山本隆 , おいしさの脳科学 , 科学基礎論研究 27(1999)1 号 , p. 1-8

- 山本隆，おいしさと食行動における脳内物質の役割，日本顎口腔機能学会雑誌 18 巻 (2011) 2 号, p. 107-114
- プルースト 高遠弘美訳，失われた時を求めて，光文社
- 旦部幸博，珈琲の世界史，講談社
- 福岡伸一，世界は分けてもわからない，講談社現代新書，講談社
- Brazil. Ministry of Health of Brazil. Secretariat of Health Care. Primary Health Care Department. Dietary Guidelines for the Brazilian population / Ministry of Health of Brazil, Secretariat of Health Care, Primary Health Care Department ;
  translated by Carlos Augusto Monteiro. Brasilia : Ministry of Health of Brazil, 2015.

第 2 章

- 日本学術会議，回答 科学研究における健全性の向上について 平成 27 年（2015 年）3 月 6 日
- 馬場裕，数理情報科学シリーズ 6 初歩からの統計学，牧野書店
- 山本朋範，日本化学未来館科学コミュニケーターブログ 2018 年イグノーベル賞を予想する ①現代版 " 風が吹いたら桶屋が儲かる?" 事例集
- https://blog.miraikan.jst.go.jp/articles/20180901post-18.html
- 植原亮，思考力改善ドリル 批判的思考から科学的思考へ，勁草書房
- 文部科学省，文部科学統計要覧（令和 3 年度版）4. 小学校
- https://www.mext.go.jp/b_menu/toukei/002/002b/1417059_00006.htm
- フロリアン・カジョリ 小倉金之助補訳，復刻版 カジョリ初等数学史，共立出版
- 結城浩，数学ガール ゲーデルの不完全性定理，SB Creative
- 国立天文台，理科年表 2021 第 94 冊，丸善出版
- 森田真生，数学する身体，新潮社
- 田野村忠温，「科学」の語史，大阪大学大学院文学研究科紀要 . 56 p. 123-181
- マリオ リヴィオ 千葉敏生訳，神は数学者か?―数学の不可思議な歴史，ハヤカワ文庫 NF，早川書房
- 中村邦光，日本における近代物理学の受容と訳語選定，学術の動向，2006 年 11 巻 11 号 p. 80-85
- 中村邦光，日本における「物理」という述語の形成過程，学術の動向，2006 年 11 巻 12 号 p. 90-95
- 和田純夫，プリンキピアを読む，ブルーバックス，講談社
- 木村直之編，ニュートン式超図解 最強に面白い!! 微分積分，ニュートンプレス

- Tyler Vigen, Spurious Correlations, Hachette Books

第 3 章

- 稲葉寿, 感染症数理モデル私史, 「科学」vol.90 no.10 p. 909-914 (2020)
- 村松秀, 論文捏造, 中公新書ラクレ, 中央公論新社
- 池内了, 科学の考え方・学び方, 岩波ジュニア新書, 岩波書店
- 岸田一隆, 科学コミュニケーション 理科の<考え方>をひらく, 平凡社新書, 平凡社
- 日本学術会議 若手アカデミー, 提言 シチズンサイエンスを推進する社会システムの構築を目指して, 令和2年 (2020 年) 9 月 14 日
- 一方井祐子 小野英理 宇高寛子 榎戸輝揚, シチズンサイエンスへの参加意欲と科学・技術に対する関心の関係, 科学技術コミュニケーション, 27, p. 57-70
- 林和弘, オープンサイエンスをめぐる新しい潮流 (その 5) オープンな情報流通が促進するシチズンサイエンス (市民科学) の可能性, 科学技術動向研究 2015 年 5・6 月号 (150 号)
- 小林傳司, トランス・サイエンスの時代 科学技術と社会をつなぐ, NTT 出版
- 一方井祐子, 日本におけるオンライン・シチズンサイエンスの現状と課題, 科学技術社会論研究 第 18 号 (2020)
- 大学共同利用機関法人 自然科学研究機構 国立天文台ニュース編集委員会, 国立天文台ニュース NAOJ NEWS, No.319 2020.02
- 文部科学省, 教科書 Q&A
- https://www.mext.go.jp/a_menu/shotou/kyoukasho/010301.htm#03
- 文部科学省, 教科書無償給与制度
- https://www.mext.go.jp/a_menu/shotou/kyoukasho/gaiyou/990301m.htm
- 文部科学省, 平成 29・30・31 年改訂学習指導要領 (本文、解説)
- https://www.mext.go.jp/a_menu/shotou/new-cs/1384661.htm
- FOLLETT, Ria; STREZOV, Vladimir. An analysis of citizen science based research: usage and publication patterns.?PloS one, 2015, 10.11: e0143687
- 荒川弘, 鋼の錬金術師, スクウェア・エニックス
- KERMACK, William Ogilvy; MCKENDRICK, Anderson G. A contribution to the mathematical theory of epidemics.?Proceedings of the royal society of london. Series A, Containing papers of a mathematical and physical character, 1927, 115.772: p. 700-721
- The Advisory Committee Appointed by the Secretary of State for India,

the Royal Society, and the Lister, Reports on Plague Investigations in India, The Journal of Hygiene, Vol. 7, No. 6, Reports on Plague Investigations in India (Dec., 1907), p. 693-985
- WEINBERG, Alvin M. Science and trans-science. Minerva, 1972, p. 209-222
- 山崎ナオコーラ, 美しい距離, 文春文庫, 文藝春秋

第 4 章
- テルモ株式会社 医療の挑戦者たち 31 血清療法の確立
- https://www.terumo.co.jp/challengers/challengers/31.html
- 厚生労働省, 平成 30 年シーズンのインフルエンザワクチン接種後の副反応疑い報告について, 医薬品・医療機器等安全性情報 No.369
- みずほ情報総研株式会社, 厚生労働省医政局経済課委託事業 平成 24 年度 ジェネリック医薬品使用促進の取り組み事例とその効果に関する調査ー報告書ー, 平成 25 年 2 月
- 出村政彬, ちゃんと知りたい!新型コロナの科学 人類は「未知のウイルス」にどこまで迫っているか, 日経サイエンス
- 調剤 MEDIAS (Medical Informations Analysis System), 最近の調剤医療費 (電産処理分) の動向, 令和元年度 8 ～ 9 月
- 松村むつみ, 自身を守り家族を守る 医療リテラシー読本, 翔泳社
- 里見清一, 医者と患者のコミュニケーション論, 新潮新書, 新潮社
- 厚生労働省, オンライン診療の適切な実施に関する方針 平成 30 年 3 月 (令和元年 7 月一部改訂)
- 坂井健雄, 医学全史 西洋から東洋・日本まで, ちくま新書, 筑摩書房
- 梶田昭, 医学の歴史, 講談社学術文庫, 講談社
- 大塚恭男, 東洋医学の歴史と現代, 日本東洋医学雑誌 第 47 巻 第 1 号 p. 5-11, 1996
- 辻哲夫, 日本の科学思想 - その自立への模索, 中公新書, 中央公論新社
- 電子計算機で詰将棋 朝日新聞 1967 年 7 月 4 日朝刊 p. 15
- 清慎一, コンピュータ将棋の初期の歴史, 情報処理学会研究報告 Vol.2014-GI-31 No.8 2014/3/17
- リチャード・ドーキンス 福岡伸一訳, 虹の解体ーいかにして科学は驚異への扉を開いたか, 早川書房
- アラン 神谷幹夫訳, 幸福論, 岩波文庫,　　　岩波書店
- NAKATANI, Hironori; YAMAGUCHI, Yoko, Quick concurrent responses to

global and local cognitive information underlie intuitive understanding in board-game experts, Scientific Reports, 2014, 4.1: p. 1-10

- e-Stat 政府統計の総合窓口
- https://www.e-stat.go.jp/
- Tom Shimabukuro, MD, MPH, MBA CDC COVID-19 Vaccine Task Force Vaccine Safety Team, COVID-19 vaccine safety update Advisory Committee on Immunization Practices(ACIP), January 27, 2021

第 5 章

- R. P. ファインマン 大貫昌子訳 , ご冗談でしょう、ファインマンさん 上・下 , 現代岩波文庫 , 岩波書店
- 宮沢賢治 , 銀河鉄道の夜 , 青空文庫
- 小山慶太 , 寺田寅彦 漱石、レイリー卿と和魂洋才の物理学 , 中公新書 , 中央公論新社
- 山田一郎 , 寺田寅彦とその周辺 , 第 33 回日本人間ドック学会 招待講演
- 寺田寅彦 , 小宮豊隆編 , 備忘録 金米糖 , 寺田寅彦随筆集 第二巻 , 岩波文庫 , 岩波書店
- 寺田寅彦 , 小宮豊隆編 , コーヒー哲学序説 , 寺田寅彦随筆集 第四巻 , 岩波文庫 , 岩波書店
- 春日井製菓株式会社ウェブサイト
- https://www.kasugai.co.jp/enjoy/factorytour/konpeito/
- 銀座緑寿庵清水 YouTube【緑寿庵清水公式】金平糖が出来上がるまで。日本語字幕 English sub 付
- NASA, Hobble Space Telescope About-Hubble Facts
- https://www.nasa.gov/content/about-hubble-facts
- 田中昭二 , 20 世紀における超伝導の歴史と将来展望 , 応用物理 , 2000, 69.8：p. 940-948
- 塚本勝男 , 話題 金平糖の不思議 , 月報 砂糖類・でん粉情報（独立行政法人農畜産業振興機構） 2019.6
- Edwin Cartlidge, 硫化水素が最高温度で超伝導に Nature ダイジェスト Vol. 12 No. 11
- 日経ビジネス電子版 , トヨタ、工場で人工知能を活用 2017/1/25
- 総務省 , 平成 28 年度版 情報通信白書のポイント 本編第 1 部 1(2) 人工知能（AI）研究の歴史
- 産経ビズ , 産総研と武田子会社、AI とロボットで細胞培養 技術者の人材不足に対応 , 2017/10/16

- 吉川和輝 , 特集 AI 人工知能から人工知性へ 科学が AI で変わる , 日経サイエンス 2020 年 1 月号
- TURING, Alan Mathison. The chemical basis of morphogenesis. Bulletin of mathematical biology, 1990, 52.1-2: p. 153-197
- KUSCH, Ingo; MARKUS, Mario. Molluscshell pigmentation: cellular automaton simulations and evidence for undecidability. Journal of theoretical biology, 1996, 178.3: p. 333-340.
- AUDOLY, Basile; NEUKIRCH, Sebastien. Fragmentation of rods by cascading cracks: why spaghetti does not break in half.?Physical review letters, 2005, 95.9: 095505
- JANNES, Gilles, et al. Experimental demonstration of the supersonic-subsonic bifurcation in the circular jump: A hydrodynamic white hole.?Physical Review E, 2011, 83.5: 056312.
- OCHIAI, Koji, et al. A Variable Scheduling Maintenance Culture Platform for Mammalian Cells.?SLAS TECHNOLOGY: Translating Life Sciences Innovation, 2021, 26.2: p. 209-217

索引

國家圖書館出版品預行編目資料

解讀日常生活的科學：消除你在生活上的好奇與疑慮，輕鬆讀懂
日常科學！／Kakimochi 著；許展寧譯 . -- 初版 . -- 臺中市：晨星
出版有限公司，2022.08
　　面；　公分 . -- （勁草生活；498）
　　譯自：これってどうなの？日常と科学の間にあるモヤモヤを解
　　　消する本
　　ISBN 978-626-320-190-3（平裝）

1.CST：科學　2.CST：通俗作品

307.9　　　　　　　　　　　　　　　　　　　111008907

企画協力　　　　　　出版甲子園

装丁・本文イラスト　　かきもち

勁草生活 498	**解讀日常生活的科學：** 消除你在生活上的好奇與疑慮，輕鬆讀懂日常科學！ これってどうなの？日常と科学の間にあるモヤモヤを解消する本

作者	Kakimochi
譯者	許展寧
選題	姜振陽
執行編輯	謝永銓
校對	謝永銓、陳詠俞
封面設計	李莉君
內頁排版	張蘊方
創辦人	陳銘民
發行所	晨星出版有限公司 407 台中市西屯區工業 30 路 1 號 1 樓 TEL：04-23595820　FAX：04-23550581 E-mail：service-taipei@morningstar.com.tw http://star.morningstar.com.tw 行政院新聞局版台業字第 2500 號
法律顧問	陳思成律師
初版	西元 2022 年 08 月 15 日（初版 1 刷）
讀者服務專線	TEL：02-23672044／04-23595819#212
讀者傳真專線	FAX：02-23635741／04-23595493
讀者專用信箱	service@morningstar.com.tw
網路書店	http://www.morningstar.com.tw
郵政劃撥	15060393（知己圖書股份有限公司）
印刷	上好印刷股分有限公司

定價 350 元

ISBN 978-626-320-190-3

歡迎掃描 QR CODE
填線上回函！